...S ÉLÉMENTAIRES

SUR LES

...BES USUELLES

PAR

A. BEZODIS

PROFESSEUR AU LYCÉE HENRI IV

...É RÉDIGÉ CONFORMÉMENT

aux programmes officiels

ENSEIGNEMENT SECONDAIRE SPÉCIAL

(QUATRIÈME ANNÉE)

DEUXIÈME ÉDITION

PARIS

LIBRAIRIE HACHETTE ET Cⁱᵉ

BOULEVARD SAINT-GERMAIN, 79

1874

V

3292

NOTIONS ÉLÉMENTAIRES

SUR LES

COURBES USUELLES

PARIS. — TYPOGRAPHIE LAHURE

Rue de Fleurus, 9

NOTIONS ÉLÉMENTAIRES

SUR LES

COURBES USUELLES

PAR

A. BEZODIS

PROFESSEUR AU LYCÉE HENRI IV

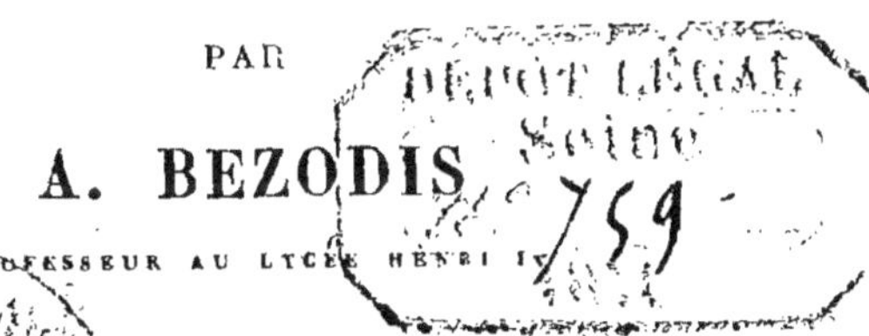

OUVRAGE RÉDIGÉ CONFORMÉMENT

aux programmes officiels

POUR L'ENSEIGNEMENT SECONDAIRE SPÉCIAL

(QUATRIÈME ANNÉE)

DEUXIÈME ÉDITION

PARIS

LIBRAIRIE HACHETTE ET Cie

79, BOULEVARD SAINT-GERMAIN, 79

1874

L'ENSEIGNEMENT SECONDAIRE SPÉCIAL

COURBES USUELLES.

1. Ellipse. — Notions géométriques. — Tracé par points. — Tracé continu.

2. Tangente à l'ellipse. — Normale. — Superficie de l'ellipse. — Génération d'un ellipsoïde. — Propriété des miroirs elliptiques.

3. Applications industrielles de l'ellipse et de l'ellipsoïde. — Volume de l'ellipsoïde. — Jaugeage de la cucurbite.

4. Hyperbole. — Notions géométriques. — Tracé par points. — Tracé continu.

5. Tangente à l'hyperbole.. — Normale. — Aire d'une partie d'hyperbole. — Génération d'un hyperboloïde. — Réflecteurs, etc.

6. Applications industrielles de l'hyperbole et des hyperboloïdes. — Effets de lumière. — Effets de chaleur. — Cheminées. — Réverbères. — Volume des hyperboloïdes.

7. Parabole. — Propriétés géométriques. — Tracé par points, — Tracé continu.

8. Tangente. — Normale. — Aire d'un segment parabolique.

—Application de la parabole au raccordement des routes et des canaux ; à la division des droites sur le terrain.

9. Paraboloïde elliptique. — Volume. — Miroirs paraboliques. — Phares. — Cornets acoustiques.

10. Application de la parabole aux effets de lumière. au mouvement des projectiles. — Aux ponts suspendus.

11. Anse de panier. — Applications aux arches de pont.

12. Spirale d'Archimède. — Application aux ventilateurs, aux montres, aux volutes.

13. Chaînette. —Application aux voûtes, aux hamacs, aux voiles des vaisseaux.

14. Hélices. — Vis. — Hélice propulsive.

N. B. Les méthodes géométriques seront seules employées dans ce cours.

NOTIONS ÉLEMENTAIRES

SUR LES

COURBES USUELLES.

INTRODUCTION.

NOTIONS GÉNÉRALES SUR LES COURBES.

1. Avant de commencer l'étude des principales courbes usuelles, il est à propos, pour éviter les répétitions, d'entrer d'abord dans quelques détails sur les propriétés générales des lignes courbes.

On sait qu'on appelle *ligne courbe*, une ligne dont aucune partie, si petite qu'elle soit, ne peut se confondre avec une ligne droite. On se fera une idée nette d'une ligne courbe, en se la représentant comme la trace que laisserait derrière lui un point mobile qui se déplacerait en changeant continuellement de direction. Pour plus de clarté, prenons l'exemple suivant : ima-

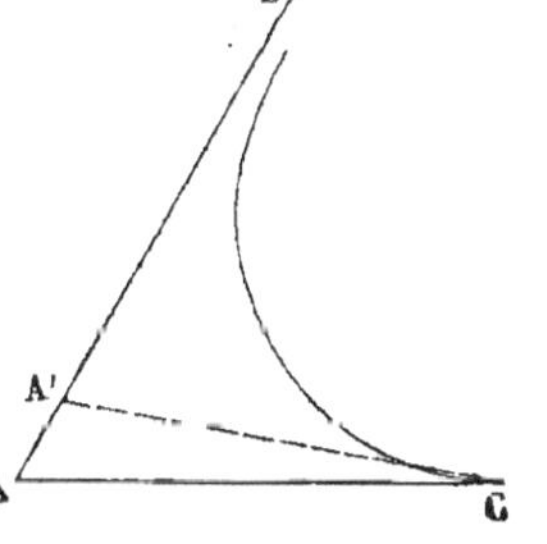

Fig. 1.

ginons qu'un homme, partant du point A (fig. 1), marche le long d'une droite AB; son chien, qui se trouve au

point C, se met à courir pour l'atteindre. L'animal par-
tira évidemment dans la direction CA; mais à peine aura-
t-il pris son élan, que son maître se sera déplacé, et se
trouvera un peu plus loin, en A', par exemple. Le chien
changera donc de direction, et si l'homme marche sans
s'arrêter, l'animal devra à chaque instant se diriger vers
un nouveau point, en sorte qu'aucune partie de sa route
ne sera rectiligne.

Cependant, on assimile souvent une ligne courbe à une
ligne brisée dont les côtés seraient très-petits, et l'on dit
que la courbe est *la limite* d'une pareille ligne. Il faut entendre par cette expression, que l'on peut toujours ima-
giner une suite de lignes droites assez petites et assez
peu inclinées les unes sur les autres, pour que la ligne
brisée qu'elles forment, diffère de la courbe donnée aussi
peu que l'on voudra. Ainsi, dans l'exemple précédent,
supposons que l'homme s'arrête de temps à autre, et que
le chien ne marche que tandis que son maître reste en
place ; il est clair que, pendant toute la durée d'une station de l'homme, le chien s'avancera en ligne droite ;
pendant la station suivante, il parcourra une autre ligne
droite, et ainsi de suite. Conséquemment, le chemin qu'il
aura suivi sera une ligne brisée. Mais il est clair aussi
que, moins les stations de l'homme seront prolongées
et moins elles seront éloignées les unes des autres, plus
les droites suivies par le chien seront courtes et plus les
angles formés par les côtés consécutifs de la ligne brisée
seront petits ; par suite, cette ligne différera de moins en
moins de la courbe que l'animal parcourait dans la première hypothèse, et l'on conçoit que si l'on abrége les stations du maître et qu'on les rapproche de plus en plus, cette
différence pourra devenir aussi petite que l'on voudra.

2. Une courbe est *plane*, lorsque tous ses points sont
dans un même plan; dans le cas contraire, on dit que la
courbe est *gauche* ou *à double courbure*.

3. On dit qu'une ligne courbe est *convexe*, lorsqu'elle ne peut être coupée par une droite en plus de deux points. Ainsi la circonférence est une ligne courbe convexe.

4. Diamètres. — On appelle *diamètre* d'une courbe une ligne droite qui partage en deux parties égales toutes les cordes parallèles à une certaine direction. Cette direction est dite *conjuguée* de celle du diamètre.

5. Axes. — Lorsqu'un diamètre est perpendiculaire aux cordes qu'il partage en deux parties égales, il prend le nom d'axe de symétrie ou simplement d'*axe*. Il est évident qu'un axe partage la courbe en deux parties symétriques, car les points de la courbe se trouvent deux à deux sur des perpendiculaires à l'axe, et à égale distance de cette ligne. Il en résulte que, si l'on plie la figure le long de cette droite, les deux parties de la courbe s'appliquent exactement l'une sur l'autre.

On voit par là que tous les diamètres d'un cercle sont des axes.

6. Sommets. — Les extrémités d'un axe, c'est-à-dire les points où il rencontre la courbe, s'appellent les *sommets*. Ainsi tous les points de la circonférence peuvent être considérés comme des sommets.

7. Centres. — On appelle *centre*, un point par rapport auquel les points de la courbe sont deux à deux symétriques, c'est-à-dire que ces points sont deux à deux en ligne droite avec le centre et à égale distance de ce point. En d'autres termes, toute droite, terminée à la courbe et passant par le centre, y est partagée en deux parties égales.

Il est évident que lorsqu'une courbe à un centre, tous les diamètres passent par ce point.

Tangentes et normales.

8. Lorsqu'une droite rencontre une courbe en deux ou en plusieurs points, on dit qu'elle est *sécante* à cette courbe. Cela posé, conce-

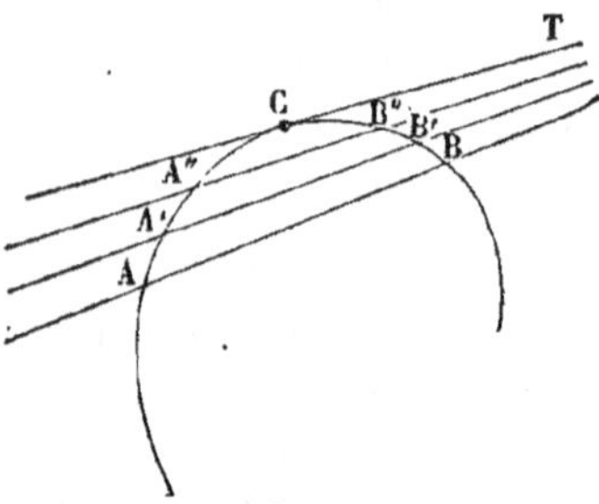

Fig. 2.

vons qu'une sécante AB, se déplace de façon que deux points d'intersection se rapprochent l'un de l'autre; la droite occupera ainsi successivement les positions AB, A′B′, A″B″, etc. (fig. 2); il arrivera un moment où les deux points se seront confondus en un seul; la sécante devient alors la droite CT et prend le nom de *tangente*.

Ainsi, *on appelle tangente, la position limite que prend une sécante, lorsque deux de ses points d'intersection se confondent en un seul.* Ce point a reçu le nom de *point de contact.*

Il est à remarquer que, *si la courbe est convexe*, la sécante n'a, par définition, que deux points communs avec elle; par suite, ces deux points venant à se confondre, *la tangente n'a qu'un point commun avec la courbe.* On voit en même temps que *la courbe est tout entière d'un même côté de sa tangente.* Cette propriété peut être donnée comme définition des courbes convexes.

Si, au contraire, la courbe n'est pas convexe, la sécante peut avoir avec elle plus de deux points d'intersection; et, lorsque deux de ces points se confondent, les autres ne viennent pas nécessairement coïncider avec les

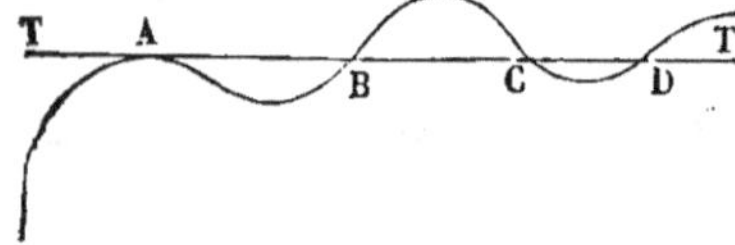

Fig. 3.

premiers, en sorte que la tangente peut couper la courbe en des points autres que le point de contact. C'est ce que montre la figure **3**, dans laquelle la droite TT′, tangente au point A, coupe encore la courbe aux points B, C, D.

9. *Lorsqu'une courbe a des diamètres*, la tangente jouit de certaines propriétés qu'il est utile de mentionner, parce qu'elles peuvent rendre plus facile le tracé de cette ligne.

THÉORÈME I. — *La tangente est parallèle aux cordes conjuguées du diamètre qui passe par le point de contact.*

En effet, soient AB (fig. 4), un diamètre de la courbe SAS′, et CD, une corde conjuguée de ce diamètre, c'est-à-dire (4), une des cordes qu'il partage en deux parties égales. Faisons mouvoir la sécante CD parallèlement à elle-même de façon que les points d'intersection se rapprochent l'un de l'autre ; le point de rencontre de la corde avec le diamètre sera toujours au milieu de la distance CD ; il s'ensuit qu'à la limite, lorsque ces deux points se confondront, le point I viendra aussi se confondre avec eux ; le point de contact est donc l'extrémité A du diamètre.

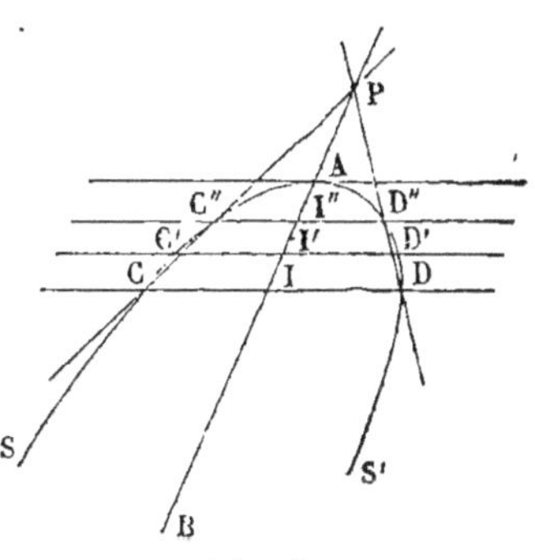

Fig. 4.

Il en résulte qu'*aux sommets d'une courbe, la tangente est perpendiculaire à l'axe.* Nous retrouvons ainsi, comme cas particulier, la propriété caractéristique de la tangente à la circonférence.

10. THÉORÈME. — *Si l'on mène deux tangentes à une courbe qui a des diamètres, la corde de contact est conjuguée du diamètre qui passe par le point de concours de ces tangentes.*

En effet, menons (fig. 4) les sécantes CC″, DD″ ; elles concourront évidemment sur le diamètre II″ puisque l'on a

$$\frac{CI}{C''I''} = \frac{DI}{D''I''}$$

Or ceci a lieu, quelque rapprochées que soient les droites CD, C″D″ ; il en sera donc de même à la limite, lorsque ces droites se confondant en une seule, les sécantes CC″, DD″ deviendront des tangentes.

11. Tracé des tangentes. — Une courbe étant donnée, sa tangente a des propriétés particulières qui dépendent de la nature de la courbe et qui fournissent souvent des procédés géométriques rigoureux au moyen desquels on peut la construire. Le cercle en donne un exemple et nous en trouverons d'autres par la suite. Mais il n'en est pas toujours ainsi, et, dans un grand nombre de cas, on est obligé de se borner à un tracé approximatif; nous allons indiquer la marche à suivre pour donner à ce tracé la plus grande exactitude possible.

Il se présente évidemment trois problèmes principaux; on peut avoir à mener une tangente, 1° par un point donné sur la courbe; 2° par un point non situé sur la courbe; 3° enfin, parallèlement à une droite donnée.

Problème. I. — *Mener une tangente à une courbe, par un point donné sur cette ligne.*

Il semble, au premier abord, qu'il suffise de placer une règle le long de la courbe, de façon que son bord passe par le point donné et touche la courbe sans la couper. Mais avec un peu d'attention, on reconnaît que ce moyen n'est susceptible d'aucune précision ; en effet, quelque soignée que soit la construction que l'on effectue, les traits ont une épaisseur sensible et l'on est exposé à tracer une droite qui coupe la courbe en deux points, très-voisins, il est vrai, mais assez éloignés néanmoins, pour que cette ligne diffère notablement de la tangente cherchée. Pour obtenir une plus grande exactitude, on a recours à l'emploi d'une courbe auxiliaire.

Soit A (fig. 5) le point de contact donné sur la courbe SAS′. Par ce point, menons des sécantes quelconques assez rapprochées les unes des autres, qui coupent la courbe en des points B_1, $B′_1$, $B_1″$, etc., B, B′, B″, etc., situés de part et d'autre du point A. A partir des points B, B′, etc., portons sur les sécantes des longueurs égales BC, B′C′ etc., en ayant le soin de prendre ces longueurs sur les prolongements des sécantes, d'un côté du point A ; en sens contraire, de l'autre côté. Si nous joignons ces points par un trait continu, nous obtiendrons une courbe qui passera nécessairement au point A, car parmi les sécantes AB, etc., il s'en trouvera une pour laquelle la corde interceptée sera précisément égale à la longueur BC. Il est clair en-

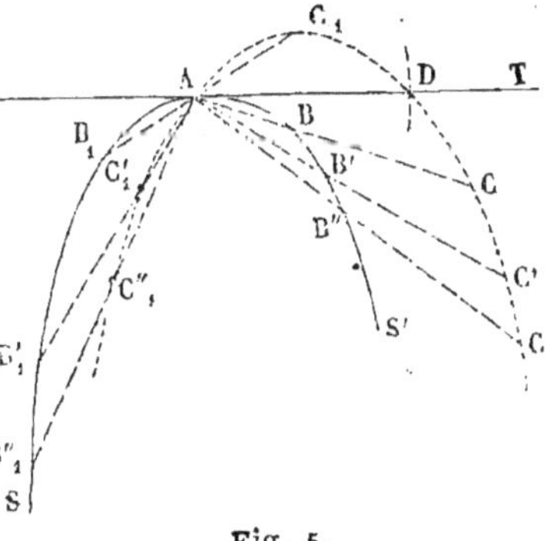

Fig. 5.

core que, si la tangente AT était tracée, en prenant sur cette tangente, une longueur AD égale à BC, on aurait un point de la courbe auxiliaire ; si donc, du point A comme centre, avec un rayon égal à BC, nous décrivons un arc de cercle qui coupe la courbe auxiliaire, le point d'inter-section appartiendra à la tangente cherchée.

On voit qu'il ne sera utile de construire la courbe auxiliaire que dans le voisinage du point D ; il sera d'ailleurs avantageux, afin que la direction AT soit mieux déterminée, de prendre la longueur BC un peu grande.

PROBLÈME II. — *Mener une tangente à une courbe par un point extérieur.*

S'il ne s'agit que de tracer la tangente, on y parvient avec une précision suffisante en plaçant le bord d'une règle, de façon qu'il passe par le point donné et qu'il touche en même temps la courbe ; mais ce procédé ne fait connaître le point de contact que d'une manière très-incertaine. On peut arriver à déterminer ce point avec exactitude, en employant une courbe auxiliaire.

Soient SAS' (fig. 6) la courbe donnée, et P, le point par lequel on veut mener la tangente. Par le point P, traçons une sécante PB, peu éloignée de cette tangente, et par les points B et C, menons, en sens opposés, des perpendiculaires BD, CE, égales à la corde interceptée BC.

Répétons cette construction sur un nombre de sécantes assez grand pour que nous puissions obtenir des points D, D', D", etc., E, E', E", etc., assez rapprochés les uns des

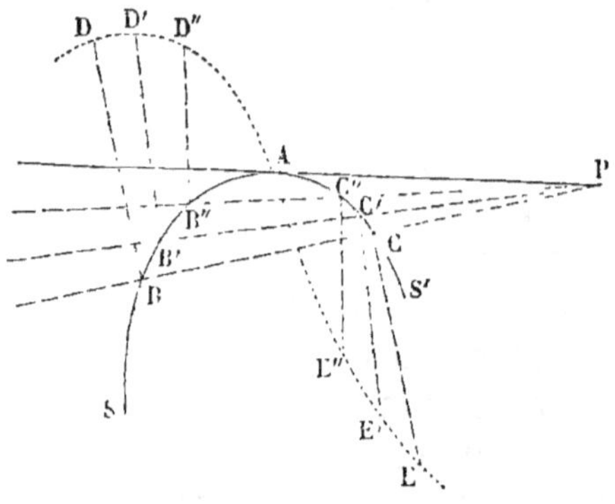

Fig. 6.

autres. En joignant ces points par un trait continu, nous formerons une courbe qui passera nécessairement par le point de contact; car, si la sécante devient tangente, la ligne BC se réduit à zéro, et, par conséquent, les parallèles BD, CD sont nulles.

REMARQUE. — Il est évident que l'on pourrait prendre les lignes BD, CE, doubles, triples, etc., de la longueur BC; on peut aussi remplacer les perpendiculaires par des droites parallèles, de directions quelconques, pourvu que les angles PBD, PB'D', etc., soient égaux entre eux. Par exemple, la construction devient très-simple, si l'on prend ces angles égaux à 60°. En effet, il suffit alors de décrire des arcs de cercle, des points B et C comme centres, avec BC pour rayon. Ces arcs se coupent en des points qui sont les sommets de deux triangles équilatéraux construits sur BC. Le choix de ces divers procédés est arbitraire, on doit seulement faire en sorte que la courbe auxiliaire coupe la courbe donnée sous un angle qui ne soit pas trop aigu.

PROBLÈME III. — *Mener à une courbe une tangente parallèle à une direction donnée.*

Ici encore on peut tracer assez exactement la tangente au moyen de la règle, mais la même incertitude existe sur la position du point de contact. On lève cette difficulté comme dans le problème précédent, en menant des sécantes parallèles à la direction donnée, et en tirant aux deux extrémités de chacune d'elles, et dans des sens différents, des perpendiculaires égales aux cordes interceptées (Voy. la remarque ci-dessus, PROB. II).

REMARQUE. — *Si la courbe a des diamètres*, la solution des problèmes I et III se trouve simplifiée, et notre méthode approximative est remplacée par une construction rigoureuse. En effet, dans le premier cas, on tracera le diamètre qui passe par le point de contact, et l'on déterminera la direction conjuguée de ce diamètre ; cette direction est parallèle à la tangente (**9**).

Dans le troisième problème, on déterminera le diamètre conjugué des cordes parallèles à la direction donnée, lequel passe au point de contact (**9**).

C'est ainsi que dans le cercle, on mène une tangente en un point donné, en tirant une perpendiculaire à l'extrémité du rayon qui passe par le point de contact. De même, on détermine le point de contact d'une tangente parallèle à une direction donnée, en menant le diamètre perpendiculaire à cette direction.

12. On appelle *normale* à une courbe, la perpendiculaire menée à la tangente par le point de contact. Il résulte du théorème de l'article **9**, que les axes d'une courbe sont des normales.

Dans le cercle, tous les rayons sont des normales.

13. TRACÉ DES NORMALES. — La recherche des normales, comme celle des tangentes, comporte évidemment trois problèmes principaux.

PROBLÈME I. — *Mener une normale à une courbe par un point donné sur cette ligne.*

On tracera d'abord la tangente au point donné (**11**, PROBL. I), et l'on n'aura plus qu'à élever une perpendiculaire à cette droite.

PROBLÈME II. — *Mener une normale à une courbe par un point extérieur.*

Soient SAS' (fig. 7) la courbe donnée, et P le point par lequel on veut mener la normale. Supposons le problème résolu, et soit PA la droite cherchée; il est évident qu'un cercle décrit du point P comme centre, avec PA pour rayon, serait tangent à la courbe, puisqu'il aurait, en ce point, la même normale. Pour trouver le point **A**, décrivons, du point P comme centre, plusieurs cercles concentriques qui coupent la courbe en des points B, C, B', C', etc. Aux deux extrémités de chacune des cordes BC, B'C', etc., élevons, en

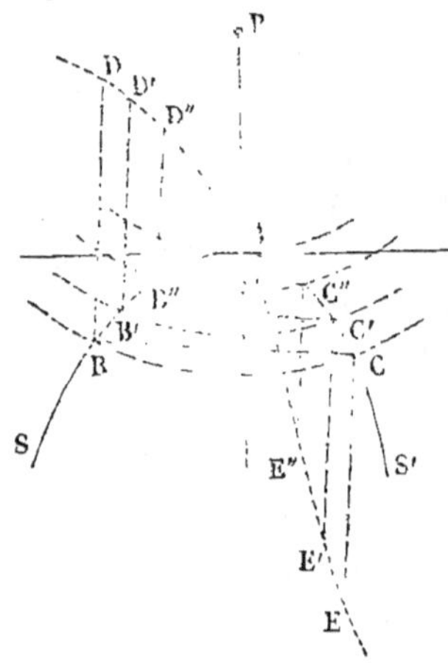

Fig. 7.

sens opposés, des perpendiculaires respectivement égales à ces cordes (Voyez la REMARQUE **11**, PROBL. II). Les points D, D', etc., E, E', etc., étant réunis par un trait continu, formeront une courbe qui passera évidemment par le point A, et qui fera connaître ce point avec d'autant plus d'exactitude, que l'on aura construit un plus grand nombre de points de la courbe auxiliaire.

PROBLÈME III. — *Mener une normale à une courbe, parallèlement à une direction donnée.*

Il suffit de tracer une tangente perpendiculaire à la direction donnée, d'en déterminer le point de contact (**11**. PROBL. III), et, par ce point, de lui mener une perpendiculaire.

Rectification des courbes.

14. *Rectifier* une courbe, c'est en déterminer la longueur. Il est un certain nombre de courbes dont la rectification peut être obtenue par des procédés élémentaires, soit au moyen de calculs, soit au moyen de constructions graphiques; mais, le plus souvent, on est obligé de se borner à une mesure approximative.

On inscrit dans l'arc que l'on veut mesurer, une ligne polygonale dont on prend les côtés d'autant plus petits que l'on désire obtenir une approximation plus grande. On mesure cette ligne et l'on substitue sa longueur à la longueur cherchée.

Pour plus de précision, on peut circonscrire à la courbe une seconde ligne polygonale, c'est-à-dire construire une ligne brisée formée de tangentes très rapprochées. Cette dernière ligne est plus longue que la courbe, tandis que la première est plus courte; on les mesurera toutes deux et l'on prendra la moyenne des deux résultats.

REMARQUE. — La ligne brisée inscrite est toujours plus courte que l'arc, quelle que soit la forme de celui-ci. Mais si la ligne donnée présentait des inflexions, c'est-à-dire si sa courbure changeait de sens, la ligne circonscrite pourrait bien ne pas être plus longue que l'arc. On évite cet inconvénient, en ayant soin de faire passer une tangente par chacun des points d'inflexion; de cette manière, la ligne brisée circonscrite est la somme de plusieurs lignes brisées, dont chacune est plus longue que l'arc correspondant.

Si la courbe dont on veut évaluer la longueur forme le contour extérieur d'un corps solide, on se contente assez souvent de la mesurer en appliquant sur elle un cordon flexible; c'est ainsi, par exemple, que l'on évalue la circonférence d'un tronc d'arbre. Ce procédé, suffisant dans un certain nombre d'applications, est néanmoins dénué de précision, car on comprend aisément que la tension plus ou moins grande du cordon, peut faire varier très-notablement le résultat.

Mesure des aires curvilignes.

15. Les aires limitées par des courbes ne peuvent pas, en général, se calculer par des moyens élémentaires. Il faut avoir recours à des procédés approximatifs que nous allons indiquer :

Méthode des trapèzes. — Imaginons que l'on veuille mesurer l'aire comprise entre une portion de courbe MN (fig. 8), une droite XX′ et les deux perpendiculaires abaissées des extrémités de l'arc, sur cette droite. Nous

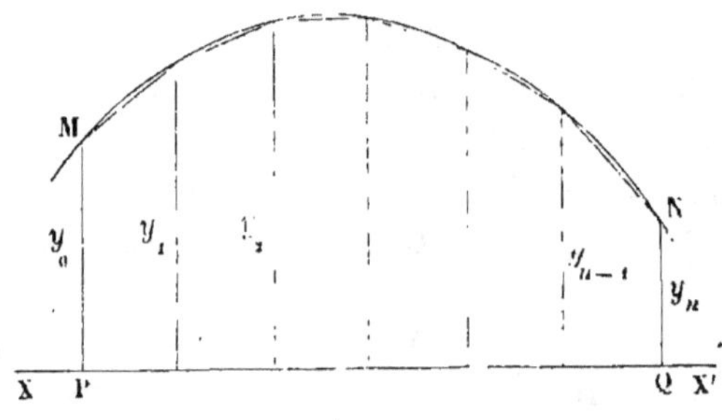

Fig. 8.

partagerons la distance QP en un nombre quelconque n de parties égales, et, par les points de division, nous élèverons des perpendiculaires à XX′. Ces lignes, que l'on appelle des *ordonnées*, partagent l'aire curviligne en une suite de petits trapèzes rectangles dont un côté est courbe. Mais ce côté courbe est petit, si l'on a partagé la distance PQ en un nombre suffisant de parties ; on le considère comme une droite et l'on assimile ainsi les trapèzes à des trapèzes rectilignes dont on calcule la surface. La somme de ces surfaces partielles représente l'aire cherchée avec d'autant plus d'approximation que la hauteur des trapèzes est plus petite.

Soient y_0, y_1, y_2,..., y_n, les longueurs des ordonnées successives; h, la hauteur commune de tous les trapèzes; S, leur somme, on aura

$$S = h\frac{y_0 + y_1}{2} + h\frac{y_1 + y_2}{2} + \ldots\ldots + h\frac{y_{n-1} + y_n}{2},$$

ou bien

$$S = h\left\{\frac{y_0 + y_n}{2} + y_1 + y_2 + \ldots\ldots + y_{n-1}\right\}.$$

Ainsi, on obtiendra l'expression approximative de la surface, en faisant la somme des ordonnées intermédiaires, en l'augmentant de la demi-somme des ordonnées extrêmes et en multipliant le résultat par la distance de deux ordonnées consécutives.

Il est à remarquer que l'aire ainsi calculée est trop petite, lorsque la courbe tourne sa concavité vers la droite XX′, ainsi que cela a lieu dans la figure 8. En effet, chaque trapèze curviligne a été remplacé par un trapèze rectiligne qui est plus petit que lui. Cette aire serait, au contraire, trop grande, si la courbe tournait sa concavité du côté opposé. Si, enfin, la courbe présentait des inflexions, certains trapèzes seraient trop grands, d'autres trop petits, en sorte qu'il s'établirait une compensation partielle.

16. Méthode de M. Poncelet. — M. Poncelet a indiqué

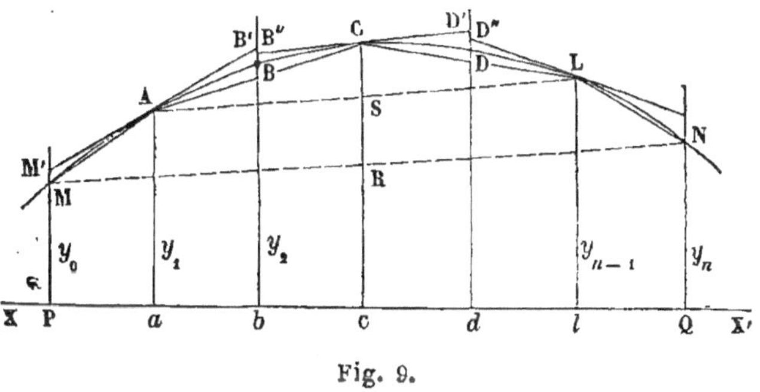

Fig. 9.

une méthode qui permet d'arriver très-rapidement à un résultat plus exact. Voici en quoi elle consiste. Partageons l'intervalle PQ (fig. 9), en un nombre *pair* de parties égales, Pa, ab, bc, etc., dont nous désignerons la longueur par h. Élevons, aux divers points de division, des ordonnées aA, bB, etc., et joignons par des droites, les points MA, AC, etc.; nous formons ainsi une suite de trapèzes rectilignes dont le premier a pour hauteur h, ainsi que le dernier, tandis que les hauteurs des autres sont égales à $2h$. Évaluons ces trapèzes, et calculons-en la somme T; nous avons successivement

$$h\,\frac{y_0+y_1}{2},\; h\,(y_1+y_3),\; h\,(y_3+y_5).\;\dots\; h\,(y_{n-3}+y_{n-1}),\; h\,\frac{y_{n-1}+y_n}{2}.$$

D'où en additionnant :

$$T = h\left\{\frac{y_0+y_n}{2} + \frac{3}{2}\,(y_1+y_{n-1}) + 2(y_3+y_5+\dots+y_{n-3})\right\}.$$

Ajoutons et retranchons, dans la parenthèse, la quantité $\frac{y_1+y_{n-1}}{2}$, il viendra enfin,

$$T = h\left\{\frac{y_0+y_n}{2} - \frac{y_1+y_{n-1}}{2} + 2(y_1+y_3+y_5+\dots+y_{n-1})\right\}.$$

Actuellement, par les points A, C, etc., extrémités des ordonnées de rang pair, menons des tangentes; nous formerons une nouvelle suite de trapèzes, M'PbB', B''bdD' etc., qu'il est aisé de mesurer. Leur hauteur commune est égale à $2h$, et l'on voit que l'ordonnée du point de contact est la demi-somme des bases. On a donc, en désignant par T', la somme de ces trapèzes

$$T' = 2h\,(y_1+y_3+y_5+\dots+y_{n-1}).$$

La première somme est trop petite, la seconde est trop grande (ce serait le contraire, si la courbe tournait sa convexité vers la ligne XX'); en prenant la moyenne, nous aurons un résultat plus approché; il vient ainsi

$$S = \frac{T+T'}{2} = h\left\{\frac{y_0+y_n}{4} - \frac{y_1+y_{n-1}}{4} + 2(y_1+y_3+\dots+y_{n-1})\right\}$$

Si la courbe présentait des inflexions, il faudrait mener d'abord des ordonnées par les points d'inflexion, et évaluer séparément chacune des aires partielles ainsi obtenues.

On voit que cette méthode n'exige que la mesure des ordonnées extrêmes et celle des ordonnées de rang pair ; elle conduit donc à un calcul plus rapide et donne, en même temps, une plus grande approximation. Elle a encore un autre avantage, c'est de faire connaître une limite de l'erreur commise.

En effet, cette erreur est évidemment inférieure à la demi-différence des aires T et T', on a donc

$$\text{Erreur} < \frac{T'-T}{2} = \frac{h}{4}\left\{(y_1 + y_{n-1}) - (y_0 + y_n)\right\}.$$

La quantité qui se trouve entre parenthèses est facile à interpréter géométriquement. En effet, si nous joignons les extrémités M et N, de la courbe, et les extrémités de la seconde et de l'avant-dernière ordonnée, nous obtenons deux droites qui coupent l'ordonnée moyenne aux points R et S ; or les trapèzes MPQN, AaL, nous donnent

$$\mathrm{R}c = \frac{y_0 + y_n}{2},$$

$$\mathrm{S}c = \frac{y_1 + y_{n-1}}{2};$$

d'où

$$\mathrm{S}c - \mathrm{R}c = \mathrm{SR} = \frac{y_1 + y_{n-1}}{2} - \frac{y_0 + y_n}{2},$$

et, par suite

$$\frac{T' - T}{2} = \frac{h}{2} \times \mathrm{SR}.$$

Il ne faut pas oublier que cette expression est une *limite*, à laquelle l'erreur peut être, et est ordinairement, très-inférieure.

17. APPLICATION. —Pour comparer ces deux méthodes,

appliquons-les successivement à la mesure d'une portion de cercle comprise entre un rayon, un arc de 30⁰, une parallèle au rayon et une perpendiculaire menée par le centre, à ce même rayon. Si nous supposons le rayon du cercle égal à 4 mètres, et que nous partagions l'intervalle des ordonnées extrêmes en quatre parties égales, nous avons.

$$y_0 = 4,0000,$$
$$y_1 = 3,9686,$$
$$y_2 = 3,8730,$$
$$y_3 = 3,7081,$$
$$y_4 = 3,4641,$$

et
$$h = 0,5.$$

1° La méthode des trapèzes nous donne

$$S = 0,5\left(\frac{4+3,4641}{2} + 3,9686 + 3,8730 + 3,7081\right) = 7,6409.$$

2° Celle de M. Poncelet,

$$S = 0,5\left(\frac{4+3,4641}{2} - \frac{3,9686+3,7081}{2} + 2(3,9686+3,7081)\right)$$
$$= 7,6502.$$

Mais, dans cet exemple, on peut calculer exactement l'aire cherchée, en remarquant qu'elle se compose d'un secteur de 30⁰, qui est la sixième partie du cercle, augmenté d'un triangle rectangle, qui a pour côtés de l'angle droit, l'apothème et le demi-côté du triangle équilatéral inscrit. On a donc pour la valeur exacte

$$S = \frac{\pi R^2}{6} + \frac{R^2\sqrt{3}}{8} = 16\left(\frac{\pi}{6} + \frac{\sqrt{3}}{8}\right) = 8\left(\frac{\pi}{3} + \frac{\sqrt{3}}{4}\right) = 7,6529.$$

Ainsi la méthode des trapèzes nous donne une erreur de 0,0120; et celle de M. Poncelet, une erreur de 0,0027 seulement. Si nous calculons la limite indiquée dans le paragraphe précédent, nous trouvons

$$\text{Erreur} < \frac{0,5}{4}\Big\{(3,9686+3,7081-(4+3,4641)\Big\}=0,0266.$$

On voit qu'elle est presque dix fois plus grande que l'erreur véritable.

18. Méthode par les pesées. — Enfin, nous devons encore dire un mot d'une méthode qui n'est nullement géométrique, mais dont l'usage est assez répandu dans la pratique. Soit MNPQ (fig. 10), l'aire qu'il s'agit d'évaluer. On trace cette figure sur une feuille de papier ou de métal, bien homogène, et d'une épaisseur uniforme; on prolonge les ordonnées PM et QN, de façon à former un rectangle ABQP, que l'on mesure. Ensuite, on découpe ce rectangle, et on le pèse; puis on découpe avec soin le contour de la courbe et l'on pèse la figure

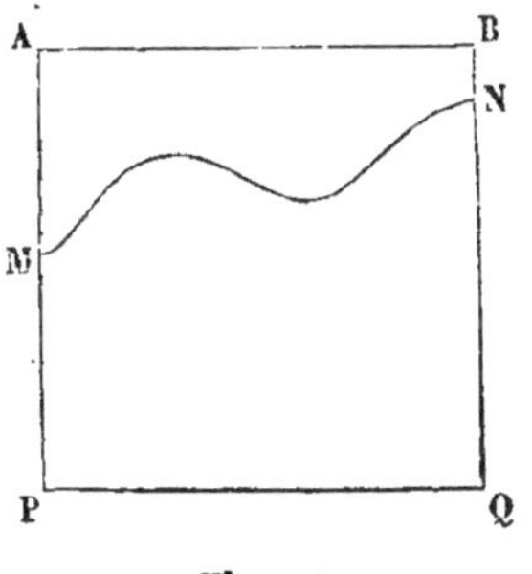

Fig. 10.

PMNQ. On peut admettre que les aires sont proportionnelles aux poids, et comme on connaît les poids des deux figures et l'aire de l'une d'elles, une règle de trois fera connaître l'autre. Soient S, l'aire du rectangle; P, son poids; p, le poids de l'aire curviligne, on aura

$$\frac{x}{S}=\frac{p}{P}.$$

Ce procédé, très-ancien, était encore très-employé au commencement de ce siècle; il n'est pas entièrement abandonné aujourd'hui, bien qu'il soit moins usité qu'autrefois.

———

CHAPITRE I.

19. On appelle Ellipse, *une ligne plane, telle que la somme des distances de chacun de ses points à deux points fixes est constante.*

Les deux points fixes s'appellent *les foyers*, et les droites qui joignent les foyers à un point quelconque de l'ellipse, portent le nom de *rayons vecteurs*.

Cette ligne est évidemment fermée.

20. Tracés de l'ellipse. — 1° *Tracé continu*. La définition de l'ellipse nous fournit immédiatement le moyen de la tracer d'un mouvement continu. Représentons par 2a la somme constante des deux rayons vecteurs et prenons un fil d'une longueur égale à 2a, dont nous attacherons les deux extrémités à deux pointes placées aux foyers F et F' (fig. 11). Puis faisons mouvoir un crayon dont la pointe s'appuie contre ce fil et le maintienne tendu, il est clair que ce crayon décrira une ellipse.

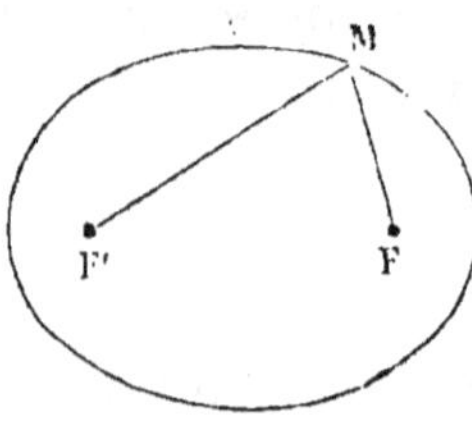

Fig. 11.

* Les titres des chapitres sont la reproduction des articles du programme officiel.

C'est cette méthode qu'emploient les jardiniers lorsqu'ils veulent dessiner des plates-bandes de forme allongée. Seulement, dans ce cas, les pointes et le crayon sont remplacés par trois piquets; deux fixes et le troisième mobile; et le fil par un cordeau d'une longueur égale à $2a$.

On peut remarquer que cette méthode est très-mauvaise pour la détermination des points de l'ellipse qui sont voisins de la ligne des foyers, parce que les deux portions du fil, venant à se toucher, l'une d'elles n'est plus rectiligne. De plus, lorsqu'on a tracé une moitié de l'ellipse, il faut lever le crayon, et faire passer le fil de l'autre côté de FF', pour tracer la seconde moitié. Il est aisé de remédier à ces inconvénients en employant un fil *sans fin*, dont la longueur totale soit égale à $2a + 2c$; $2c$ désignant la distance des foyers. On entoure les deux pointes avec ce fil et on le maintient tendu au moyen du crayon. De cette manière, on pourra sans s'arrêter, tracer toute l'ellipse.

Ce procédé, très-rapide, n'est évidemment pas susceptible de précision; d'abord il est très-difficile de nouer un fil de façon à donner à la partie libre une longueur rigoureusement égale à la longueur donnée; ensuite, comme ce fil doit être assez fin, afin d'avoir une flexibilité suffisante, sa longueur variera notablement selon que la tension sera plus ou moins grande.

$2°$ *Tracé par points*. — Lorsque l'on veut tracer une ellipse avec quelque exactitude, il est préférable d'en déterminer un assez grand nombre de points et de les joindre ensuite par un trait continu. Il est très-facile de construire, au moyen du compas, autant de points de l'ellipse que l'on voudra. Soient

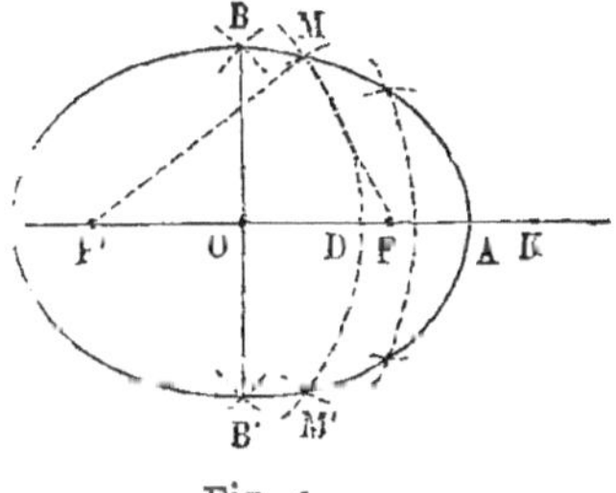

Fig. 1

F et F' (fig. 12), les deux foyers; prenons sur la ligne FF' une longueur F'K égale à $2a$, et décrivons, du point F comme centre, un cercle quelconque, qui coupe la droite FF' et en un point D. Actuellement, du point F comme centre, avec un rayon égal à DK, traçons un second cercle, qui coupera le premier en deux points M et M'; il est évident que ces deux points appartiennent à l'ellipse. On en pourra ainsi construire autant que l'on voudra, en faisant varier la position du point D.

Il est à remarquer que pour chaque position du point D, on peut obtenir *quatre* points de l'ellipse. Il suffirait, pour cela, d'intervertir les rôles des deux foyers F et F', c'est-à-dire de décrire du point F comme centre, le cercle que l'on a décrit autour du point F', et *vice versa*.

On voit aisément que le point D ne peut occuper sur la ligne FF', toutes les positions possibles. En effet, il faut que nos deux circonférences se rencontrent, or la distance des centres est toujours plus petite que la somme des rayons, mais il faut encore qu'elle soit plus grande que leur différence, ce qui exige évidemment qu'aucun des rayons ne soit supérieur à F'A, ni inférieur à AK, A étant le milieu de la distance FK.

Notions géométriques.

21. THÉORÈME I. — *L'ellipse est une ligne courbe, convexe.*

Pour le démontrer, il suffit de faire voir qu'une ellipse et une droite ne peuvent se couper en plus de deux points. Nous y arriverons aisément en traitant la question suivante, qui est, d'ailleurs, d'une grande utilité pratique :

Construire les points d'intersection d'une ellipse et d'une droite, ou, ce qui revient au même : *étant donnés deux points et une droite, trouver sur cette droite, un point tel que la somme de ses distances aux deux points donnés, soit égale à une longueur donnée.*

Soient (fig. 13) F et F' les deux foyers de l'ellipse et MM' la droite donnée. Supposons le problème résolu, et soit M le point cherché. Menons la droite F'M, que nous prolongeons d'une longueur MH égale à MF, en sorte que F′ H est égale à la somme donnée; puis construisons un point F₁, symétrique du point F par rapport à la droite MM′;

il est clair que les trois distances, MH, MF, MF₁, sont égales et que, si l'on décrivait un cercle qui eût le point M pour centre et la distance MF pour rayon, ce cercle passerait par les trois points F, F₁, H. De ces trois points, les deux premiers sont connus; quant au troisième, il

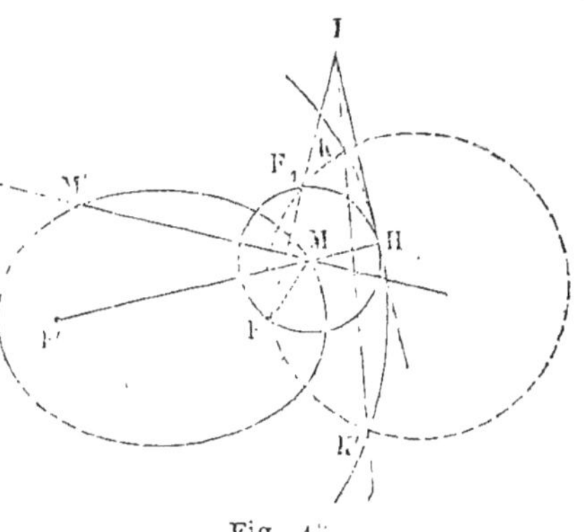

Fig. 15.

n'est pas difficile à déterminer. Si, en effet, du point F′ comme centre, avec la somme donnée pour rayon, nous décrivons une circonférence, elle passera au point H et, en ce point, elle sera évidemment tangente à la précédente. Or, cette circonférence est aisée à construire, puisque nous en connaissons le centre et le rayon; la question est donc ramenée à celle-ci : *trouver le centre d'une circonférence qui passe par deux points donnés et qui soit tangente à une circonférence donnée.*

Ce problème a été résolu dans le cours de géométrie; on sait qu'il suffit de faire passer par les points F et F₁, une circonférence quelconque, qui coupe la circonférence donnée en deux points K et K′; on joint K′K et on prolonge cette droite jusqu'à sa rencontre avec le prolongement de FF₁, au point I. Par ce point, on mène une tangente à la circonférence donnée, et le point de contact H, de cette tangente, est aussi celui de la circonférence cherchée *.

---

* Il ne sera peut-être pas inutile de rappeler ici la démonstration qui sert à justifier cette construction.

La ligne IH étant tangente à la circonférence cherchée, tandis que IF est une sécante, on a

$$\overline{IH}^2 = IF \times IF_1;$$

Dans le problème dont il s'agit ici, nous ne cherchons à connaître que le centre de cette circonférence, il n'est donc pas nécessaire de la tracer; il suffit de joindre le point F' au point H, par une droite, qui rencontre la droite donnée au centre cherché M.

Comme du point I, on peut, en général, mener deux tangentes à la circonférence, on aura une autre solution M', qui s'obtiendra, en joignant le point F' au point de contact de la seconde tangente.

Si le point I se trouvait sur la circonférence dont F' est le centre, il n'y aurait plus qu'une solution; enfin le problème est impossible, si le point I est à l'intérieur de cette circonférence.

La question a donc deux solutions *au plus:* c'est-à-dire que l'ellipse ne peut avoir plus de deux points communs avec une droite.

C. q. f. d.

22. AXES. SOMMETS. THÉORÈME II. — *La droite qui joint les foyers et la perpendiculaire au milieu de cette droite, sont des axes de la courbe.*

Reportons-nous au second tracé que nous avons indiqué (**20**). Un point quelconque de l'ellipse a été obtenu en décrivant deux arcs de cercle, des foyers comme centres, avec des rayons dont la somme est égale à $2a$. Or, on sait que, lorsque deux circonférences se coupent, les points d'intersection sont symétriques par rapport à la ligne des centres. Les points de l'ellipse sont donc

joignons le point I à un point K quelconque, de la circonférence donnée, on a aussi

$$\overline{IH}^2 = IK \times IK',$$

et par suite

$$IF \times IF_1 = IK \times IK'.$$

Donc les quatre points F, F_1, K, K' sont sur une même circonférence, c'est-à-dire que si, par les points F, F_1, et le point *quelconque* K, on fait passer une circonférence, elle passera aussi par le point K', situé sur la circonférence donnée et sur la droite IK.

deux à deux symétriques par rapport à la ligne FF'. Cette ligne est, par conséquent, un axe (5).

En second lieu, nous avons déjà fait remarquer (20), qu'après avoir construit les points M et M' (fig. 14), on peut intervertir les rôles des foyers F et F', et obtenir ainsi deux nouveaux points N et N'; or il est clair que si l'on fait pivoter la figure autour d'une droite BB', perpendiculaire au milieu de FF', le point F viendra en F' et le point F', en F, en sorte que le point N prendra la

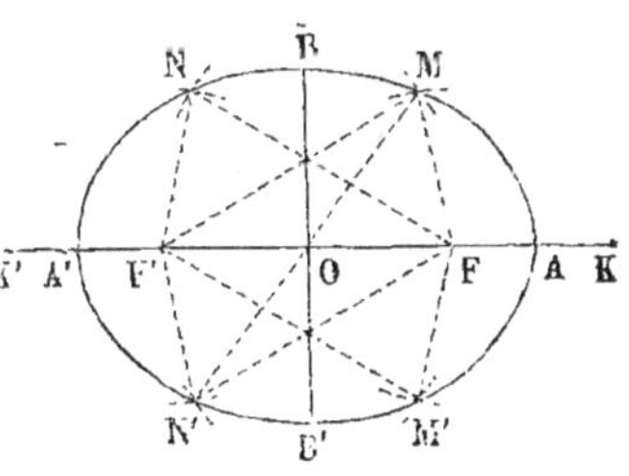

Fig. 14.

place du point M et *vice versa*. Les points de la courbe sont donc deux à deux symétriques par rapport à la droite BB'.

Il résulte de là que *l'ellipse a quatre sommets*. Il est facile de les construire; on voit, en effet, que le sommet A, situé sur l'axe FF', est au milieu de la distance FK, car on doit avoir :

$$F'A + FA = F'K ;$$

d'où, en retranchant F'A, de part et d'autre,

$$FA = AK.$$

Pour le point A', on le trouvera, en portant sur l'axe une longueur FK' égale à F'K et en prenant le milieu de la distance F'K'; ou, ce qui revient au même, en portant F'A' égale à FA.

Remarque. — Il est important de remarquer que l'axe AA' est égal à la somme constante des deux rayons vecteurs d'un point de l'ellipse. On a, en effet,

$$AA' = F'K - AK + A'F';$$

mais, d'après ce qui précède,

$$AK = A'F' = \frac{FK}{2},$$

donc
$$AA' = F'K = 2a.$$

Quant aux sommets B et B', nous ferons remarquer que les rayons vecteurs BF, BF' sont deux obliques qui s'écartent également du pied de la perpendiculaire BO, et, par conséquent, sont égaux. Il suffira donc, pour déterminer ces points, de décrire des points F et F' comme centres, des arcs de cercle avec des rayons égaux à la moitié de F'K, ou à OA.

23. Nous voyons par là que l'axe qui contient les foyers est le plus grand des deux. En effet, puisque BO est une perpendiculaire et BF une oblique, nous avons

$$BO < BF = OA,$$
$$BB' < AA'.$$

Les deux axes, ont reçu, à cause de cette circonstance, les noms de *grand axe* et de *petit axe*.

24. Si nous représentons par $2a$, $2b$, $2c$, les longueurs du grand, du petit axe et la distance des foyers, le triangle rectangle OFB, nous donne la relation

$$a^2 = b + c^2,$$

qui permet de calculer l'une de ces quantités en fonction des deux autres.

25. Par conséquent, *une ellipse est déterminée, lorsque l'on connaît les longueurs de ses deux axes.* En effet, on déterminera la distance des foyers, au moyen de la relation précédente, d'où nous tirons :

$$c = \sqrt{a^2 - b^2} ;$$

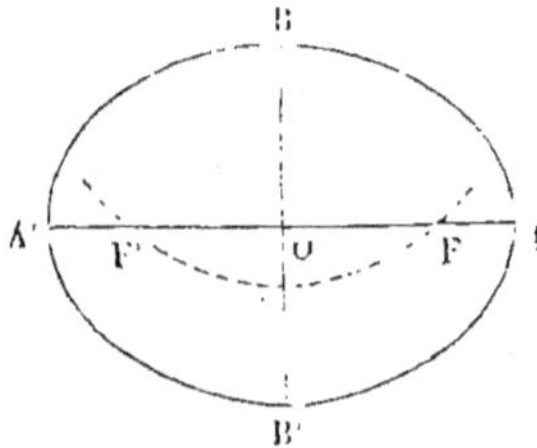
Fig. 15.

ou, s'il s'agit d'une construction graphique, on tracera deux droites rectangulaires (fig. 15). A partir du point O, où elles se coupent, on portera de part et d'autre, sur l'une, deux longueurs OA, OA' égales à a ; sur l'autre, deux longueurs OB, OB' égales à b ; cela fait, du point B comme centre, avec OA pour rayon, on décrira un arc de cercle, qui rencontrera la droite AA' en deux points F et F', lesquels seront les foyers de la courbe. On pourra ensuite, exécuter l'un des tracés expliqués plus haut.

26. CENTRE. THÉORÈME III. — *Le point de rencontre des axes est le centre de l'ellipse.*

Considérons un point quelconque M (fig. 16) de la courbe, et considérons un second point N', situé dans l'angle des axes, opposé à celui qui contient le point M, et dé- terminé par les conditions

$$FM = F'N',$$

$$F'M = FN'.$$

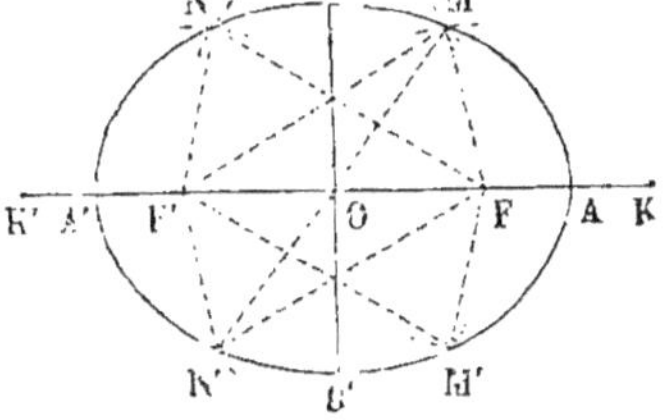

Fig. 16.

Le quadrilatère FMF'N' a ses côtés opposés égaux, et est, conséquemment, un parallélogramme. Il en résulte que ses diagonales se coupent en parties égales, en sorte que la droite MN', passe au milieu O de la ligne FF' et que OM = ON'. Donc les points de la courbe sont deux à deux symétriques par rapport au point O (**7**).

27. EXCENTRICITÉ. — Si, sans faire varier le grand axe d'une ellipse, on augmente le petit, ou, ce qui revient au même, on diminue l'écartement des foyers, l'ellipse sera de moins en moins aplatie. Si les deux foyers, con- tinuant à se rapprocher, finissent par se confondre, il est clair que la courbe deviendra une circonférence. Si, au contraire, on éloigne de plus en plus, les foyers l'un de l'autre, le petit axe diminuera, et l'ellipse finira par se confondre avec une droite. Ainsi la forme de la courbe dépend à la fois du grand axe et de la distance des foyers.

On appelle *excentricité*, le rapport de la distance des foyers au grand axe :

$$e = \frac{2c}{2a} = \frac{c}{a} = \frac{\sqrt{a^2-b^2}}{a}.$$

On voit par là, que l'excentricité est toujours un nombre plus petit que l'unité.

28. Une ellipse est évidemment déterminée, lorsque l'on donne son excentricité et son grand axe. C'est ordinairement au moyen de ces quantités que l'on détermine, en astronomie, les orbites des planètes.

29. Théorème IV. — *L'ellipse partage son plan en deux régions; dans l'une, la somme des rayons vecteurs d'un point est supérieure au grand axe; dans l'autre, elle est inférieure à cette même quantité.*

Considérons un point P (fig. 17), situé hors de l'ellipse, et joignons-le aux deux foyers. Puisque ce point est extérieur à la courbe, ses rayons vecteurs couperont celle-ci;

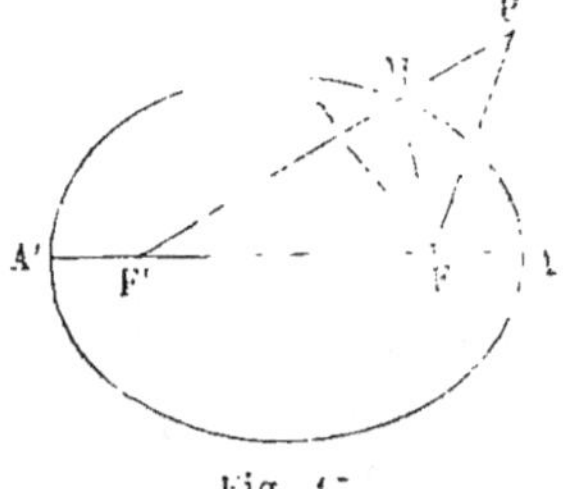

Fig. 17.

soit M, l'un des points d'intersection, joignons MF. Nous avons évidemment

$$MF + MF' = 2a.$$

Mais, dans le triangle MFP,

$$MP + FP > MF;$$

ajoutons MF', de part et d'autre, il viendra

$$MF' + MP + FP > MF + MF'$$

ou

$$FP + F'P > 2a.$$

Prenons actuellement un point N, intérieur à l'ellipse; joignons-le aux deux foyers, et prolongeons l'un des rayons vecteurs jusqu'à sa rencontre en M avec la courbe; joignons enfin MF. Le triangle MNF nous donne

$$NF < FM + MN,$$

d'où, en ajoutant NF' de part et d'autre,

$$NF + NF' < FM + MN + NF' = FM + MF' = 2a.$$

Ainsi, suivant qu'un point est placé à l'extérieur de l'ellipse, sur la courbe ou dans son intérieur, la somme des rayons vecteurs est supérieure, égale ou inférieure au grand axe.

50. THÉORÈME V. — *L'ellipse est la projection d'un cercle sur un plan oblique au sien.*

Étant donnée une figure quelconque, et un plan de projection, il est évident que, si l'on transporte ce plan parallèlement à lui-même, la projection ne change point. Il nous est donc permis de supposer que le plan de projection passe par le centre du cercle.

Cela posé, soit ABA'B' (fig. 18), le cercle donné, qui se projette suivant la courbe $AbA'b'$; je dis que cette courbe est une ellipse. Construisons, dans le cercle, un diamètre BB', perpendiculaire à l'intersection AA' du plan du cercle et du plan de projection, sa projection bb' sera aussi per-

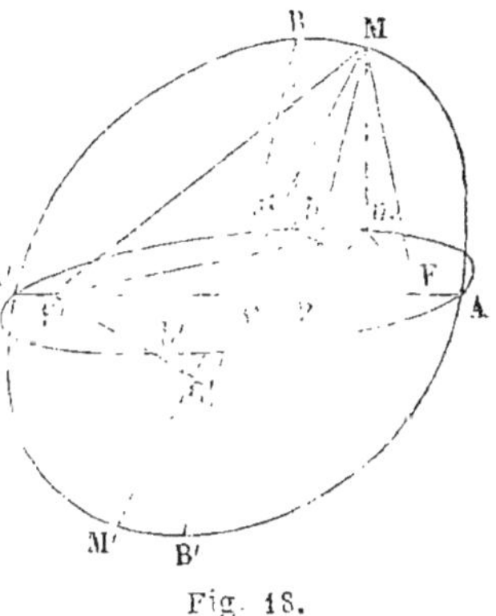

Fig. 18.

pendiculaire à AA'. Prenons actuellement, sur AA', deux longueurs OF, OF', égales à Bb, et joignons aux deux points F et F' un point M quelconque, de la circonférence, et sa projection m; enfin tirons le diamètre MM'.

Si nous abaissons mP, perpendiculaire à AA' et que nous joignions MP, nous savons par le théorème des trois perpendiculaires, que cette dernière droite est aussi perpendiculaire à AA'; par suite, les deux triangles BOb, MPm ont les côtés respectivement parallèles et sont semblables, on a donc

$$\frac{M m}{B b} = \frac{MP}{OB}.$$

D'autre part, si nous abaissons des points F et F' des perpendiculaires FG, F'G' sur le diamètre MM', les deux triangles OGF, OPM sont semblables comme rectangles et ayant un angle aigu commun. Nous aurons donc la proportion

$$\frac{GF}{OF} = \frac{MP}{OM}.$$

Mais, par construction, les droites OF et Bb sont égales; il en est de même de OM et de OB, qui sont deux rayons

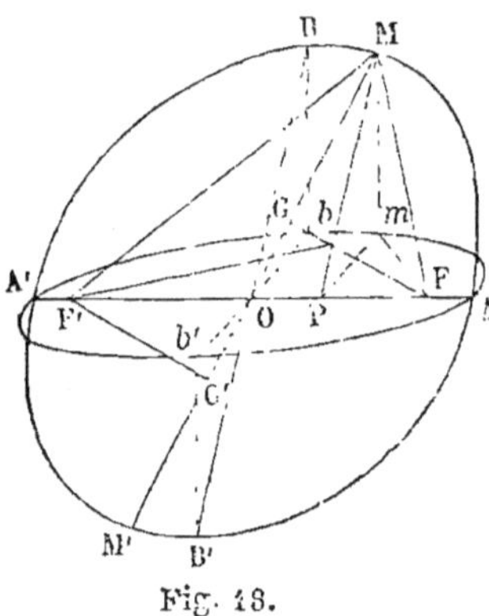

d'un même cercle; les deux proportions précédentes ont donc trois termes communs, et, par suite,

$$GF = Mm.$$

Il en résulte que les deux triangles rectangles MmF, MGF, ont l'hypoténuse commune et un côté égal, et, par conséquent, sont égaux; donc

$$mF = MG.$$

De même, les deux triangles MmF', MG'F' ont l'hypoténuse commune et un côté égal, car

$$G'F' = GF = Mm,$$

donc

$$mF' = MG'.$$

D'ailleurs, il est évident que les deux lignes MG', M'G sont égales; conséquemment

$$mF + mF' = MG + M'G = MM' = AA'.$$

La courbe est donc une ellipse dont les points F et F' sont les foyers.

31. Si, dans le plan d'une courbe quelconque, on trace une droite et que, d'un point de la courbe, on abaisse une perpendiculaire, cette perpendiculaire s'appelle l'*ordonnée* de ce point. Cela posé, du théorème que nous venons de démontrer, résulte la conséquence suivante.

Corollaire. — *Étant donnés une ellipse et une circonfé-rence qui a le grand axe pour diamètre, si l'on considère un point de l'ellipse et un point de la circonférence qui aient la même projection sur le grand axe, l'ordonnée de l'ellipse et celle du cercle sont dans un rapport constant.*

Imaginons qu'on fasse tourner le plan du cercle autour de la ligne AA', et qu'on le rabatte sur le plan de l'ellipse, la droite PM s'appliquera sur P*m*; or les triangles sem-blables OB*b*, PM*m*, nous donnent

$$\frac{m\text{P}}{\text{MP}} = \frac{\text{O}b}{\text{OB}} = \frac{b}{a};$$

donc *les ordonnées correspondantes de l'ellipse et du cercle sont dans le rapport du petit au grand axe.*

Remarque. — Ce rapport dépend de l'inclinaison des deux plans ; on a dans le triangle O*b*B :

$$\text{O}b = \text{OB} \cos \text{BO}b,$$

ou

$$\frac{b}{a} = \cos \text{BO}b.$$

52. La même chose a lieu, si l'on considère des or-données perpendiculaires au pe-tit axe, et un cercle décrit sur ce petit axe comme diamètre.

Sur le grand et sur le petit axe d'une ellipse, décrivons (fig. 19) deux circonférences con-centriques, et par un point quelconque M_1, de l'ellipse, me-nons une ordonnée M_1 P perpen-diculaire au grand axe, que nous

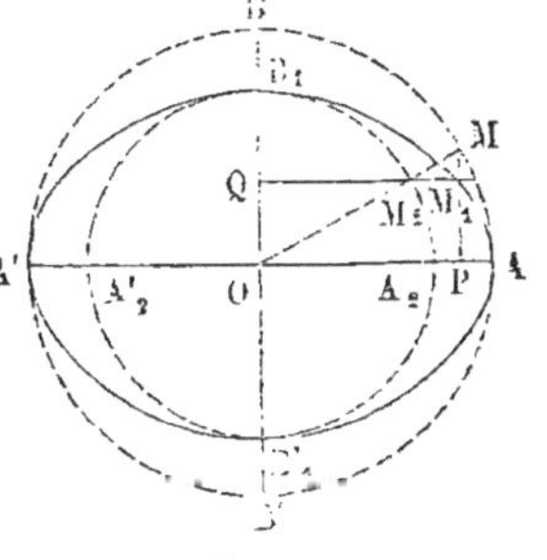

Fig. 19.

prolongerons jusqu'à sa rencontre en M avec la circonfé-rence la plus grande, joignons OM, nous avons (31)

$$\frac{\text{MP}}{\text{M}_1\text{P}} = \frac{a}{b} = \frac{\text{OM}}{\text{OM}_2}.$$

Il résulte de là que la ligne M_1M_2 est parallèle à l'axe AA', et, par conséquent, perpendiculaire à MP.

Cela posé, les triangles semblables OMP, OM_2Q, nous donnent

$$\frac{OP}{M_2Q} = \frac{OM}{OM_2},$$

ou

$$\frac{M_1Q}{M_2Q} = \frac{a}{b}.$$

Ainsi *les ordonnées correspondantes de l'ellipse et du cercle qui a le petit axe pour diamètre, sont dans le rapport du grand au petit axe.*

33. — On pourrait réunir ces deux énoncés en un seul, et dire :

Étant donnés une ellipse et un cercle qui a l'un des axes pour diamètre, l'ordonnée de l'ellipse, perpendiculaire à l'axe commun et l'ordonnée correspondante du cercle, sont entre elles dans le rapport des diamètres perpendiculaires à l'axe commun.

34. Nouveau tracé de l'ellipse. — Les propriétés que nous venons d'établir nous fournissent un moyen très-simple et très-rapide de tracer une ellipse par points. Nous construisons d'abord les deux axes AA' et BB' (fig. 19), et sur ces deux axes comme diamètres, nous décrivons des circonférences. Tirons un rayon quelconque OM, et abaissons des perpendiculaires, du point M sur le grand axe et du point M_2 sur le petit. Ces deux droites se couperont en un point M_1 qui sera un point de l'ellipse, car on a évidemment

$$\frac{M_1P}{MP} = \frac{OM_2}{OM} = \frac{b}{a}.$$

Ordinairement, au lieu de prendre au hasard les rayons OM, on partage la circonférence en parties égales, et l'on joint au centre les points de division.

Tangente à l'ellipse. — Normale.

55. Théorème VI. — *La tangente à l'ellipse fait des angles égaux avec les rayons vecteurs du point de contact.*

Considérons une sécante qui rencontre l'ellipse en deux points voisins l'un de l'autre, M et M' (fig. 20), si ces deux points venaient à se confondre, la sécante deviendrait une tangente (8). Construisons le point H, symétrique du foyer F' par rapport à la droite MM' et menons les droites FM, FM', F' M, F'M' MH, M'H; enfin joignons les points F et H par une droite,

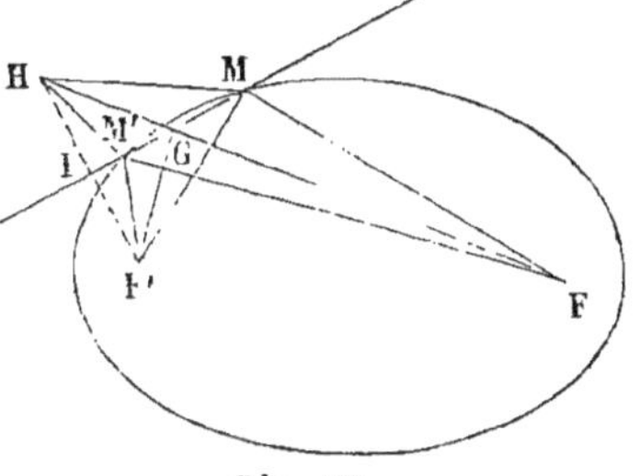

Fig. 20.

qui coupe la sécante au point G. Les lignes MF', et MH sont égales, comme obliques s'écartant également du pied de la perpendiculaire MI; il en est de même des droites M'F' M'H. Par suite, les deux lignes brisées FMH FM'H sont respectivement égales aux lignes brisées FMF, FM'F', c'est-à-dire que leur longueur totale est $2a$. Or la ligne droite FH est plus courte que chacune de ces lignes brisées; d'ailleurs on a, pour la même raison que précédemment, $HG = GF'$, et par conséquent

$$FH = FG + GF',$$

et enfin $$FG + GF' < 2a,$$

Le point G est donc *à l'intérieur* de l'ellipse (29), et, conséquemment, est situé *entre les deux points* M *et* M'. Or, la même chose a lieu quelle que soit la position de la sécante; si donc elle se déplace de façon que les deux points M et M' se rapprochent et finissent par se confondre, le point G viendra aussi coïncider avec eux et les droites GF, GF' deviendront les rayons vecteurs du point de contact.

Cela posé, remarquons que, dans toutes les positions

du point G, les deux triangles GIH, GIF′ sont égaux, et que, par conséquent, il en est de même des angles IGH, F′GI. D'ailleurs, les angles IGH, MGF sont égaux comme opposés par le sommet; donc les angles F′GI, MGF sont égaux. Cette égalité aura donc encore lieu lorsque la sécante MM′ sera devenue tangente, ce qui démontre le théorème énoncé.

36. Corollaire. — *La normale en un point de l'ellipse, partage en deux parties égales l'angle des rayons vecteurs de ce point.*

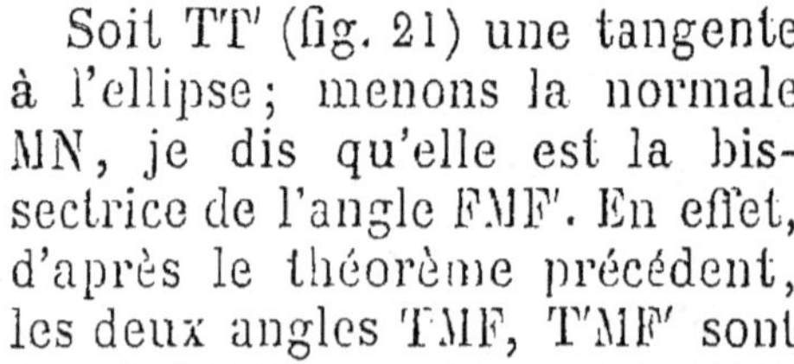

Fig. 21.

Soit TT′ (fig. 21) une tangente à l'ellipse; menons la normale MN, je dis qu'elle est la bissectrice de l'angle FMF′. En effet, d'après le théorème précédent, les deux angles TMF, T′MF′ sont égaux; il s'ensuit que l'angle FMN, complément de TMF est égal à l'angle F′MN, complément de T′MF′.

37. *Miroirs elliptiques.* — Cette propriété justifie la dénomination de *foyers*, donnée aux points F et F′. On sait que, lorsqu'une bille élastique vient frapper un obstacle également élastique, elle rebondit dans une direction telle, que *l'angle de réflexion est égal à l'angle d'incidence*, c'est-à-dire que les deux chemins parcourus par la bille, avant et après la réflexion, font des angles égaux avec la normale au point choqué. Les vibrations sonores, les rayons de chaleur et de lumière se réfléchissent suivant la même loi.

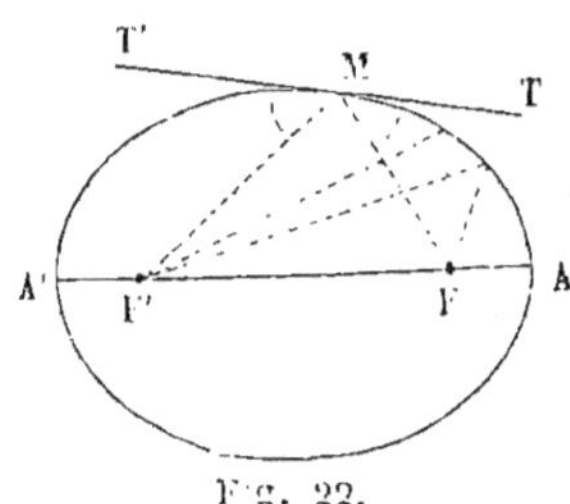

Fig. 22.

Imaginons que l'ellipse soit une étroite lame élastique; une bille lancée du point F dans une direction quelconque FM (fig. 22), ira, après réflexion, passer par le point F′, et réciproquement, une bille lancée du point F' rebondira vers le point F. De même, si un corps vibre au point F, les vibrations se réfléchiront sur l'ellipse et viendront converger vers le point F', en sorte que le son sera perçu avec plus d'intensité en ce point qu'en tout autre. Enfin, si notre lame elliptique est polie à l'intérieur, et que nous placions en F un foyer de chaleur, les rayons calorifiques réfléchis iront tous passer par le point F'. Un thermomètre placé en F' accusera une température plus élevée que partout ailleurs, en sorte qu'il se trouvera placé dans les mêmes conditions que s'il existait en F' un foyer de chaleur. La même chose aura lieu si le foyer calorifique est placé en F', et le thermomètre en F ; c'est pour exprimer cette réciprocité qu'on désigne souvent les points F et F' sous le nom de *foyers conjugués*.

Si le point F est un point lumineux, tous les rayons se réfléchiront de façon à passer par le point F' ; il en résulte que l'œil, recevant ces rayons réfléchis, les recevra comme s'ils émanaient du point F' et éprouvera la même sensation que s'il existait en ce point un véritable foyer lumineux. Il est évident que nous avons ici la même réciprocité que pour la chaleur.

58. Théorème VII. *Le lieu géométrique des projections des foyers sur les tangentes est une circonférence qui a pour diamètre le grand axe de l'ellipse.*

On sait qu'on appelle projection d'un point sur une droite, le pied de la perpendiculaire abaissée de ce point sur la droite. Cela posé, abaissons du foyer F (fig. 23), une perpendiculaire FI' sur une tangente quelconque II'

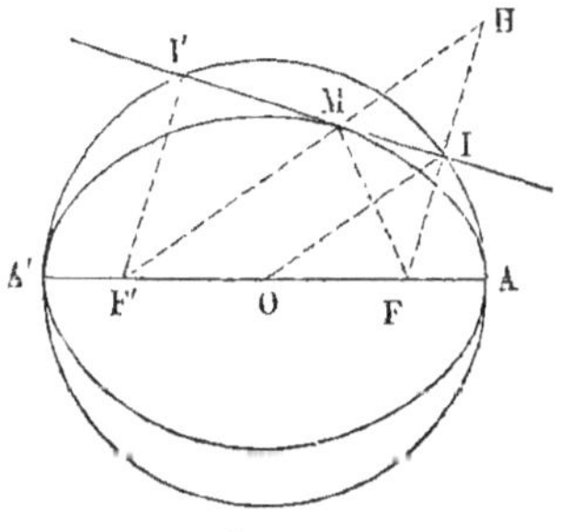

Fig. 23.

et prolongeons-la jusqu'au point H, où elle rencontre le rayon vecteur F'M prolongé. Les deux lignes MF, MH sont égales, puisque la tangente est la bissectrice de l'angle FMH (55) ; par suite, la droite F'H a pour longueur 2a. Or la ligne OI qui joint le centre de l'ellipse à la projection du foyer sur la tangente, passe par les milieux des côtés FF', FH du triangle F'FH; elle est donc parallèle au troisième côté et égale à la moitié de sa longueur, en sorte que OI $= a$.

Ainsi la distance de la projection I au centre de l'ellipse, est constante, et égale au demi-grand axe, ce qui démontre la proposition énoncée.

Ce cercle est souvent désigné sous le nom de *cercle principal* de l'ellipse; il est à remarquer qu'il est précisément égal à celui dont l'ellipse est la projection (30).

39. CERCLE DIRECTEUR. — Il est un autre cercle qu'il est très-important de connaître, et qui nous sera d'un grand usage pour le tracé des tangentes. C'est celui que l'on décrirait de l'un des foyers comme centre, avec un rayon égal à $2a$; on l'appelle *cercle directeur*. Il existe évidemment deux cercles directeurs.

40. *Nouvelle définition de l'ellipse.* — On sait que la dis-

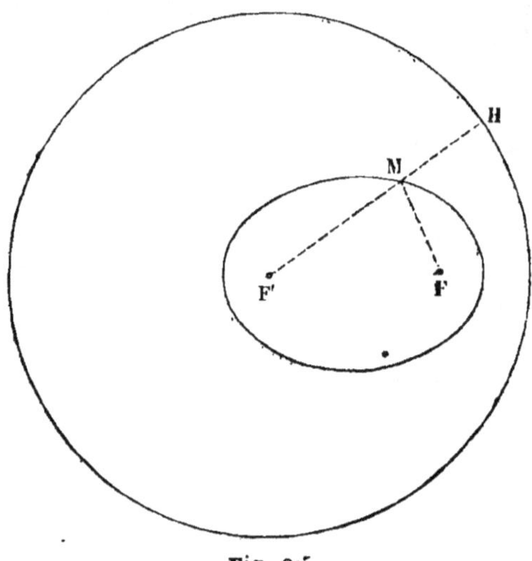

Fig. 24

tance d'un point à une circonférence se compte sur la droite qui joint ce point au centre. Cela posé, soit M (fig 24), un point quelconque de l'ellipse; traçons les rayons vecteurs FM, F'M, et prolongeons le second jusqu'à sa rencontre avec le cercle directeur dont F' est le centre. Il est évident que l'on a

$$MH = MF;$$

par suite, le point M est à égales distances du point F et de la circonférence du cercle. Nous pouvons donc définir l'ellipse, *une ligne dont tous les points sont également distants d'une circonférence et d'un point situé dans l'intérieur de cette circonférence.*

41. On pourrait aisément tirer de cette définition un nouveau moyen de tracer une ellipse; mais ce procédé serait moins simple que ceux qui ont été exposés plus haut, nous n'insisterons donc pas davantage sur ce point.

42. THÉORÈME VIII. — *Si l'on mène des tangentes à l'ellipse et au cercle principal, en des points qui aient la même projection sur le grand axe, ces tangentes rencontrent cet axe au même point.*

Considérons le cercle ABA'B' (fig. 25), dont la projection est l'ellipse A*b'*A'*b'* (50); soient M un point de

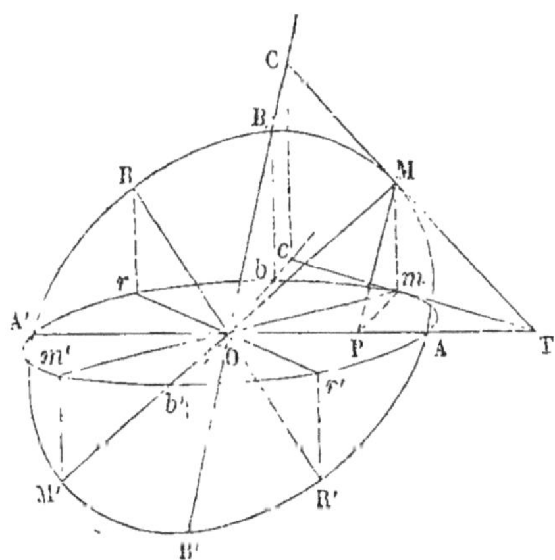

Fig. 25.

cercle, *m*, sa projection; la tangente MT a pour projection, la tangente à l'ellipse au point *m*. Or cette dernière passe nécessairement par le point T, où la tangente rencontre le plan de projection, et ce point T ne peut être situé que sur l'axe AA', qui est l'intersection des deux plans.

Si maintenant, nous rabattons le plan du cercle sur le plan de projection, le cercle se confondra avec le cercle principal de l'ellipse, et la droite PM prendra la direction de Pm, en sorte que les deux points M et m auront la même projection sur le grand axe. Or dans ce mouvement, le point T n'a pas changé, puisqu'il appartient à l'axe de rotation, par conséquent les deux tangentes n'ont pas cessé de se couper en ce point.

C. Q. F. D.

43. La même propriété a lieu relativement au petit axe, si l'on considère deux points ayant la même projection sur le petit axe et appartenant, l'un à l'ellipse, l'autre à la circonférence qui a cet axe pour diamètre.

Soit ORN (fig. 26), un rayon quelconque, traçons les tangentes parallèles NT, RK; nous formons ainsi deux triangles semblables, qui donnent la proportion

$$\frac{OT}{OK} = \frac{ON}{OR} = \frac{a}{b}.$$

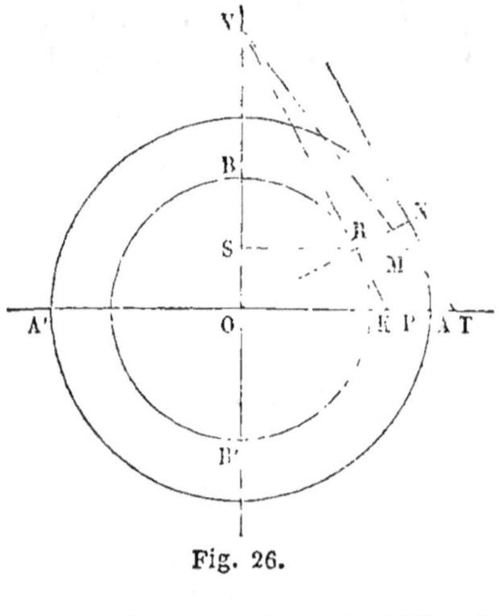

Si maintenant, nous tirons la droite TV et la ligne RS perpendiculaire au petit axe, nous avons évidemment

$$\frac{MS}{RS} = \frac{OT}{OK} = \frac{a}{b}.$$

Fig. 26.

Par conséquent, le point M est un point de l'ellipse (33); mais alors, d'après le théorème précédent, TM est la tangente au point M; cette tangente va donc concourir avec la tangente KR, sur le prolongement du petit axe.

C. Q. F. D.

Remarque. — Il résulte de la démonstration précédente, et des principes démontrés dans les articles **31** et **32**, que la droite NM est perpendiculaire au grand axe.

Ces deux propriétés, très-importantes dans la pratique, peuvent s'exprimer par un énoncé unique, qui serait le suivant.

Étant donnés une ellipse et un cercle qui a l'un des axes pour diamètre, les tangentes à ces deux courbes, dont les points de contact ont la même projection sur l'axe commun, se coupent en un point de cet axe.

44. Corollaire. — *Le demi-axe est moyen proportionnel entre les distances du centre à la projection du point de contact d'une tangente, et au point où cette tangente coupe l'axe.*

En effet, dans le triangle rectangle ONT, nous avons

$$\overline{ON}^2 = \overline{OA}^2 = OP \times OT;$$

de même, dans le triangle rectangle ORV,

$$\overline{OR}^2 = \overline{OB}^2 = OS \times OV.$$

45. Tracé des tangentes. — Les diverses propriétés que nous venons de passer en revue, nous permettent de trouver des constructions géométriques très-simples pour la résolution des trois problèmes principaux qui se présentent dans la recherche des tangentes.

Problème I. — *Mener une tangente à l'ellipse par un point donné sur la courbe.*

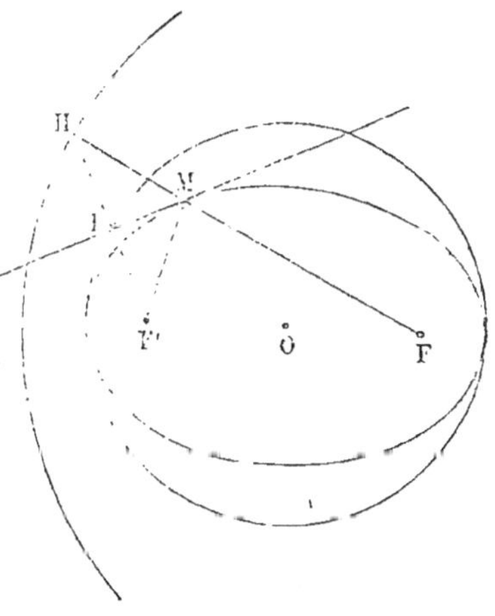

Fig. 27.

1re *Méthode.* — Soit M (fig. 27) le point donné; joignons FM, F'M; la tangente est bissectrice de l'angle F'MH: on sait donc la construire.

On évitera le partage de l'angle en deux parties égales, en traçant le cercle directeur et le cercle principal ; alors il suffira de prolonger FM jusqu'au point H où cette droite rencontre le cercle directeur, et de joindre F' H. La tangente est la droite qui joint le point M au point I, intersection de F' H et du cercle principal.

2e *Méthode*. — Le théorème VIII (**42**) nous fournit un autre procédé pour résoudre ce problème. Soit M (fig. 28), le point donné ; menons l'ordonnée MP de ce point,

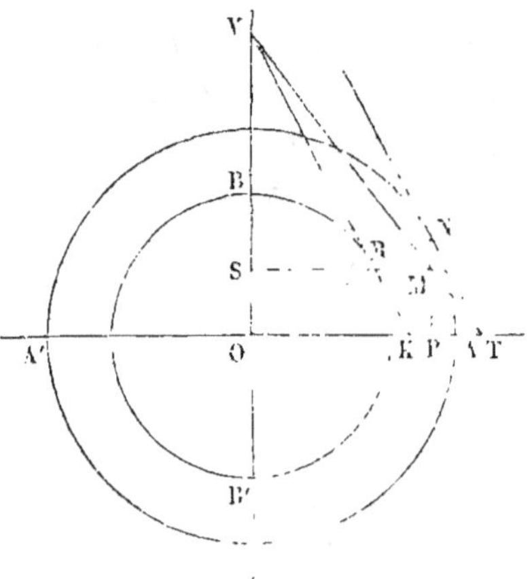

et prolongeons-la jusqu'au point N où elle rencontre le cercle principal. En ce dernier point, traçons une tangente au cercle, laquelle coupera l'axe AA' en un point T. On n'aura plus qu'à joindre TM pour avoir la tangente demandée.

Il pourrait arriver que le point T fût situé très-loin, alors les droites AA' et NT se coupant sous un angle très-aigu, ce point

Fig. 28.

serait mal déterminé ; il se pourrait même que le point T fût en dehors des limites du dessin ; mais, dans ce cas, on remplacera le cercle principal par un cercle décrit sur le petit axe comme diamètre ; l'ordonnée MP par l'ordonnée MS perpendiculaire au petit axe, et la tangente NT par la tangente RV.

Problème II. — *Mener une tangente à l'ellipse par un point extérieur.*

1re *Méthode*. — Supposons le problème résolu, et soient P le point donné (fig. 29), et PM la tangente cherchée, dont M est le point de contact. Joignons F' M et prolongeons cette droite jusqu'au point H où elle rencontre la perpendiculaire abaissée du foyer F sur la

tangente. La distance F'H est égale à $2a$, et par conséquent le point H est sur la circonférence du cercle directeur dont F' est le centre. D'ailleurs la tangente étant

perpendiculaire au milieu
de FH, les distances PF, PH
sont égales, en sorte que le
point H sera l'intersection
du cercle directeur et d'un
cercle décrit du point P
comme centre, avec PF pour
rayon. Le point H étant ainsi
déterminé, on n'aura plus
qu'à abaisser de P une perpendiculaire sur FH, ou, ce

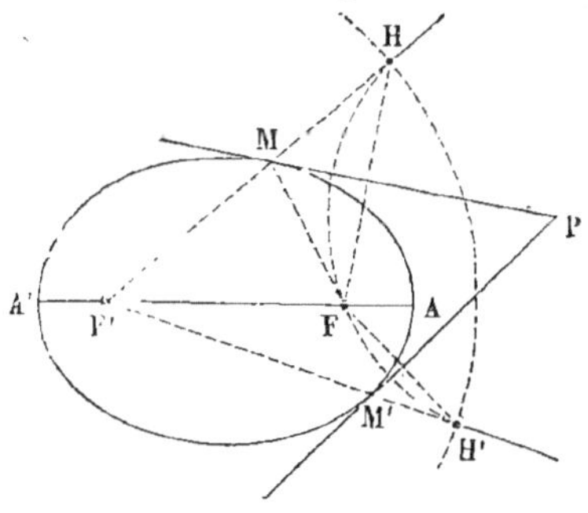

Fig. 29.

qui revient au même, à joindre le point P au point de
rencontre de FH avec le cercle principal. Quant au point
de contact, il est à l'intersection de la tangente avec la
droite F'H.

Comme deux circonférences se coupent généralement
en deux points, on aura un second point d'intersection H',
et par suite une seconde tangente PM'.

Il est aisé de voir que *le problème est toujours possible,
pourvu que le point P soit extérieur à l'ellipse.* En effet, le
cercle directeur et celui dont P est le centre, ne peuvent
être extérieurs, puisque ce dernier passe par le point F,
intérieur au premier; la seule condition pour que les
circonférences se coupent est donc que la distance des
centres soit supérieure à la différence des rayons, c'est-
à-dire que l'on ait

$$PF' > F'H - PF,$$

$$PF' + PF > F'H = 2a.$$

Condition qui signifie (**29**) que le point P est situé **hors**
de la courbe.

2e *Méthode.* — Supposons le problème résolu et soient R
le point donné et RM la tangente cherchée, dont M est le
point de contact (fig. 30). Tirons la perpendiculaire MP,

et prolongeons-la jusqu'à sa rencontre, en N, avec le cercle principal ; joignons NT par une droite qui sera (**42**) tangente à ce cercle. Prolongeons cette tangente jusqu'au point S, où elle coupe l'ordonnée du point R, nous avons

$$\frac{SL}{RL} = \frac{NP}{MP} = \frac{a}{b}.$$

Dès lors, il est facile de construire le point S ; joignons,

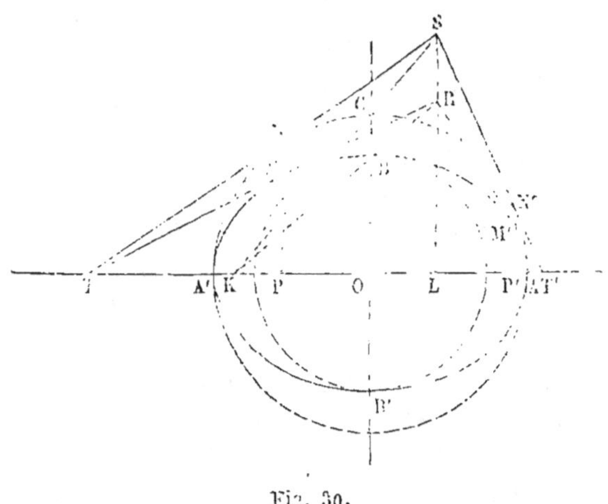

Fig. 30.

en effet RB, par une droite qui va couper l'axe AA′ au point K, et joignons KS, il viendra

$$\frac{CO}{BO} = \frac{SL}{RL} = \frac{a}{b} ;$$

or, BO n'est autre chose que b, conséquemment CO est égal à a, c'est-à-dire que le point C est sur le cercle principal.

La construction sera donc la suivante : on joindra le point donné au sommet du petit axe et l'on prolongera cette droite jusqu'à sa rencontre avec le grand. On joint ce point K au point C, où le cercle principal coupe le prolongement du petit axe ; on obtient ainsi le point S, intersection de KC avec l'ordonnée du point R. Enfin on mène par S une tangente ST au cercle principal, et l'on n'a plus qu'à tirer la ligne TR qui est la tangente demandée. L'intersection de cette tangente avec l'ordonnée NP sera le point de contact. La seconde tangente menée du point S au cercle principal, donnera la seconde tangente à l'ellipse.

On pourrait remplacer, au besoin, cette construction, par une autre toute semblable, en employant le petit axe au lieu du grand.

PROBLÈME III. — *Mener une tangente parallèle à une direction donnée.*

1re *Méthode.* — Soient LK la direction donnée (fig. 31), et ST la tangente. La perpendiculaire FH, abaissée du foyer F sur la tangente, est aussi perpendiculaire à LK, et par conséquent cette ligne est connue de position. Le point H se trouve d'ailleurs sur le cercle directeur dont le centre est en F', on le construira donc aisément, et l'on achèvera ensuite comme dans le problème précédent (1re Méthode).

Comme une droite rencontre une circonférence en deux points, on aura une seconde tangente T'S'. D'ailleurs le problème est toujours possible, puisque la droite FH passe par le point F qui est intérieur au cercle directeur.

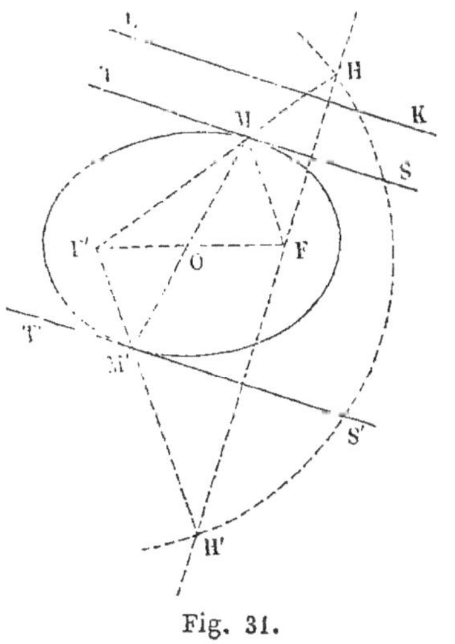

Fig. 31.

2e *Méthode.* — Supposons le problème résolu et soit MT la tangente demandée; si nous prolongeons l'ordonnée MP jusqu'au cercle principal (fig. 32), la droite NT sera tangente à ce cercle (42); le problème serait donc ramené à la recherche d'une tangente au cercle principal, si nous connaissions la direction NT.

Pour y arriver, menons par le point B, une parallèle BL à la direction donnée et, par le point L, une parallèle

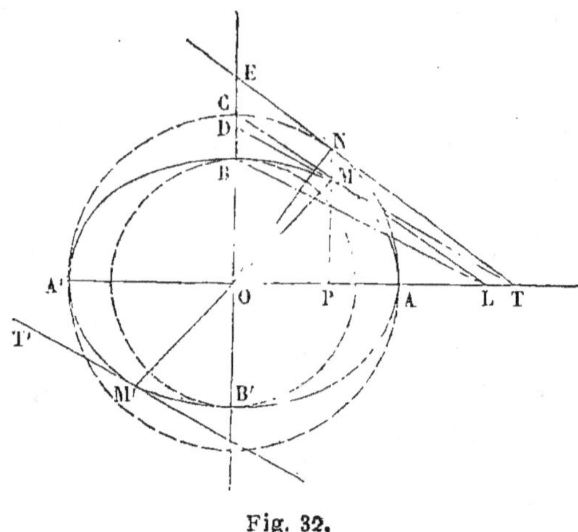

Fig. 32.

à NT ; les triangles semblables OBL, PMT, nous donnent

$$\frac{OB}{MP} = \frac{OL}{TP},$$

d'autre part, en vertu de la similitude des triangles OCL, PNT, nous avons

$$\frac{OC}{NP} = \frac{OL}{TP}.$$

Et, par conséquent,

$$\frac{OB}{MP} = \frac{OC}{NP}$$

ou, en changeant les moyens de place,

$$\frac{OB}{OC} = \frac{MP}{NP} = \frac{b}{a}.$$

Mais OB $= b$, il s'ensuit que OC $= a$ et que le point C se trouve sur le cercle principal.

De là, la construction suivante : menez par le point B une parallèle BL à la direction donnée, et joignez LC ;

tracez une tangente NT au cercle principal, parallèle à
LC et menez par le point T, une parallèle à la direction
donnée ; cette parallèle est la tangente demandée, dont
le point de contact est sur l'ordonnée NP.

Comme on peut mener au cercle principal deux tangentes parallèles à LC, le problème aura deux solutions.

On voit aisément que *les points de contact de deux tangentes parallèles sont symétriques par rapport au centre de
l'ellipse*. Imaginons, en effet, que l'on fasse tourner la
figure dans son plan, en lui faisant décrire un angle de
180° autour du point O (fig. 31). Après ce mouvement, la
tangente ST sera redevenue parallèle à LK, elle aura
donc pris la place de T'S'. Mais, en même temps, le rayon
OM sera venu se placer sur son propre prolongement ;
donc les deux lignes OM, OM' ne forment qu'une seule
ligne droite. Or nous savons (26) que toute droite, limitée
à l'ellipse, et passant par le centre, s'y trouve partagée
en deux parties égales.

46. Remarque. Il est important de remarquer que les
méthodes que nous venons d'exposer *n'exigent pas que
l'ellipse soit tracée*. C'est là un très-précieux avantage ;
quand on construit une ellipse par points, il est utile de
tracer en même temps les tangentes aux divers points
que l'on a déterminés. Ces tangentes font, pour ainsi dire,
sentir la forme de la courbe et l'on peut se borner à
construire rigoureusement un petit nombre de points.

On voit que, dans les problèmes précédents, les *premières méthodes* seront préférables lorsqu'on emploiera
le tracé de l'ellipse indiqué dès le commencement (**20**) ;
les *deuxièmes méthodes* s'appliquent naturellement lorsqu'on fait usage du tracé expliqué dans l'article **54.**

47. Tracé des normales. — Nous n'avons, sur ce
sujet, rien à ajouter à ce qui a été dit dans l'introduction (**15**).

Diamètres de l'Ellipse.

48. Nous avons dit plus haut (30), que l'ellipse peut être considérée comme la projection d'un cercle sur un plan oblique au sien. Cette considération, de laquelle nous avons déjà tiré plusieurs propositions importantes, nous permettra d'en étudier encore quelques autres dont nous trouverons plus loin des applications.

THÉORÈME IX. — *Toute droite qui passe par le centre de l'ellipse est un diamètre.*

Considérons une ellipse $AmA'm'$ (fig. 33) et le cercle $AMA'M'$ dont elle est la projection. Une droite quelconque mm', qui passe par le centre de l'ellipse, est la projection d'un certain diamètre MM', du cercle. Ce diamètre partage en deux parties égales les cordes perpendiculaires à sa direction, c'est-à-dire celles qui sont parallèles au diamètre RR'. Il suit de là que la ligne mm' partage en deux parties égales les projections de

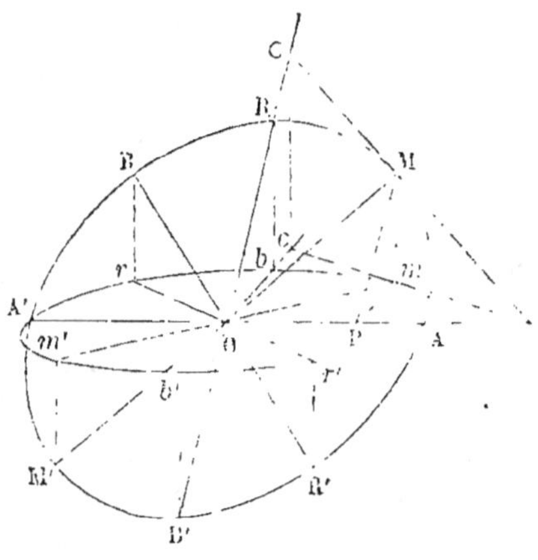

Fig. 33.

ces cordes, c'est-à-dire les cordes de l'ellipse, parallèles à la droite rr', projection de RR'. Ainsi, une droite quelconque mm', qui passe par le centre de l'ellipse, partage en deux parties égales toutes les cordes parallèles à une certaine direction, c'est donc un diamètre (4).

Mais il faut remarquer que, réciproquement, le diamètre RR' du cercle partage en deux parties égales toutes les cordes parallèles à MM'; conséquemment, la projection rr' partage de la même manière les cordes parallèles à mm'. Ainsi les diamètres de l'ellipse sont liés deux à deux de telle façon que chacun d'eux partage en deux parties égales les cordes parallèles à l'autre ; c'est ce qu'on exprime en disant que leurs directions sont conjuguées l'une de l'autre (4). De là, le théorème suivant :

THÉORÈME X. — *Les diamètres de l'ellipse sont conjugués deux à deux.*

49. Il est clair que les seuls diamètres conjugués du cercle, dont l'angle se projette en vraie grandeur, sont les diamètres AA' et BB' ; donc *les axes de l'ellipse sont les seuls diamètres conjugués dont l'angle soit droit.*

50. PROBLÈME I. *Construire le diamètre conjugué d'un diamètre donné.*

Soit MM' (fig. 34) le diamètre donné, il suffira de tracer une corde CC' parallèle à MM', d'en prendre le milieu I, et de joindre ce point au centre. La droite ainsi obtenue NN' est évidemment le diamètre cherché.

Si l'ellipse n'était pas tracée, on tracerait une droite CC' parallèle à MM' et l'on déterminerait

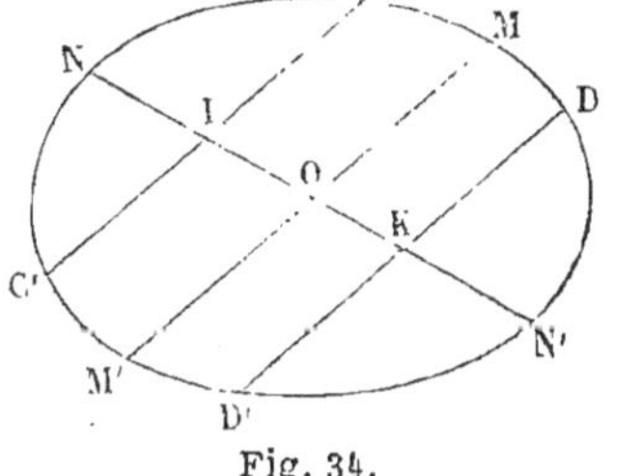

Fig. 34.

les points C et C' au moyen de la construction expliquée dans l'article **21**.

51. La considération des diamètres conjugués nous donne le moyen de résoudre encore la question suivante qui se présente fréquemment dans la pratique.

PROBLÈME II. *Trouver le centre d'une ellipse tracée entièrement ou en partie.*

Menez deux cordes parallèles quelconques CC', DD' et joignez leurs milieux I, K (fig. 34). La droite ainsi obtenue est le diamètre conjugué de ces cordes, et passe, conséquemment, par le centre. En répétant cette constrution une seconde fois, avec deux cordes parallèles entre elles, mais non parallèles aux premières, on obtiendra un nouveau diamètre qui coupera le premier au centre cherché.

52. Si l'on remarque que (9) la tangente est parallèle aux cordes conjuguées du diamètre qui passe par le point de contact, on conçoit que l'on pourrait faire usage des diamètres conjugués pour résoudre les problèmes I et III, relatifs à la construction des tangentes. Mais, outre que les tracés auxquels conduirait cette nouvelle méthode ne seraient pas plus simples que ceux qui ont été expliqués ci-dessus, ils présenteraient sur ceux-ci un désavantage important, c'est de ne pouvoir s'appliquer commodément qu'à une ellipse déjà tracée.

Il faut observer néanmoins, que ces procédés seraient utiles dans le cas où l'on aurait à mener une tangente à une ellipse tracée, dont les foyers ne seraient pas donnés.

53. Théorème XI. — *Un demi-diamètre de l'ellipse est moyen proportionnel entre les deux segments de la tangente qui lui est parallèle, compris entre le point de contact et les deux axes.*

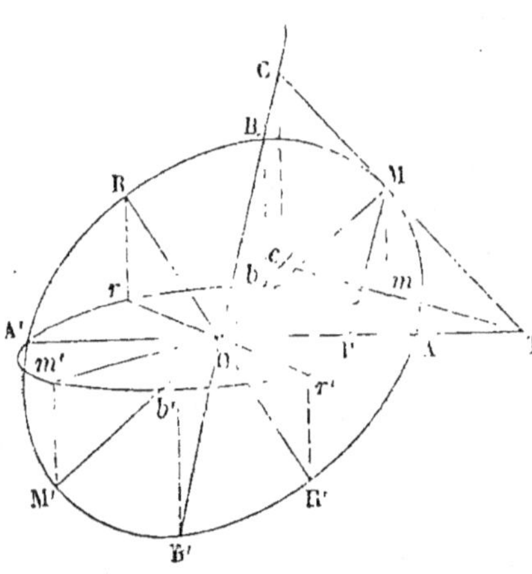

Fig. 35.

Soient MM', RR' (fig. 35), deux diamètres rectangulaires dans le cercle; leurs projections mm', rr' sont deux diamètres conjugués de l'ellipse (48). Si MT est une tangente qui rencontre en T et en C les deux diamètres AA' et BB', on a, dans le triangle rectangle COT :

$$\overline{OM}^2 = MC \times MT, \qquad [A]$$

ou, ce qui revient au même,

$$\overline{OR}^2 = MC \times MT.$$

Mais les triangles RrO, MmT, qui ont les côtés respectivement parallèles, sont semblables, nous pouvons donc écrire les proportions

$$\frac{OR}{Or} = \frac{MT}{mT} = \frac{MC}{mc} = K,$$

en désignant par K la valeur commune de ces trois rapports. Nous en tirons

$$OR = K \times Or, \quad MT = K \times mT, \quad MC = K \times mc.$$

D'où, en substituant dans l'égalité [A], et divisant les deux membres par K^2,

$$\overline{Or}^2 = mc \times mT. \qquad \text{C. Q. F. D.}$$

54. Au moyen de ce théorème, nous pouvons résoudre le problème suivant :

PROBLÈME III. — *Construire une ellipse dont on connaît deux diamètres conjugués.*

La question sera évidemment résolue, si nous pouvons construire les deux axes. Proposons-nous d'abord de déterminer leurs directions; nous nous appuierons, pour cela, sur le théorème précédent. Supposons le problème résolu et soient OM, OR les deux diamètres donnés; OT, OC, les directions des deux axes

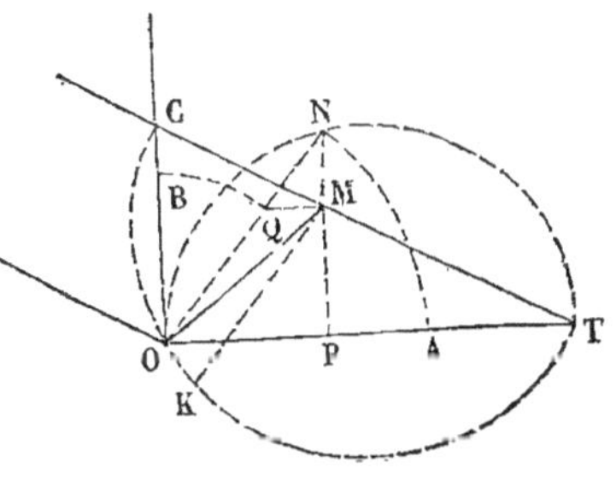

Fig. 36.

(fig. 36); la droite CT, parallèle à OR, est tangente à l'ellipse inconnue, au point M, on a donc (55)

$$\overline{OR}^2 = MC \times MT.$$

Décrivons sur CT comme diamètre, une circonférence, qui passera au point O, puisque l'angle COT est droit ; si nous élevons MK perpendiculaire à CT, nous avons aussi

$$\overline{MK}^2 = MC \times MT,$$

et, par conséquent,   MK = OR.

La droite MK est donc connue, et par suite la construction sera la suivante : par l'extrémité M de l'un des diamètres donnés, je trace une droite CT, parallèle à l'autre ; j'élève au même point M une perpendiculaire MK, égale à OR, et je décris une circonférence qui passe par les points O et K, et qui ait son centre sur la ligne CT. Cette circonférence coupe la droite

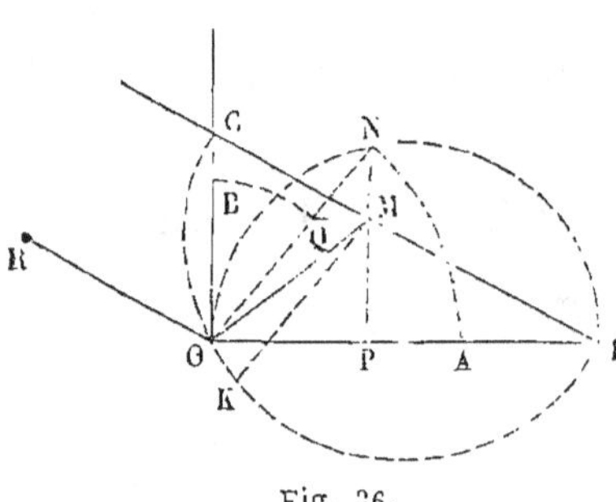

Fig. 36.

CT en deux points qui appartiennent aux prolongements des axes cherchés. Je n'ai plus qu'à joindre ces deux points au point O.

Il nous reste à chercher les longueurs des axes. Pour y arriver, nous rappellerons que le demi-grand axe est moyen proportionnel entre OP et OT (44) ; nous décrirons donc une demi-circonférence sur OT comme diamètre, nous prolongerons l'ordonnée PM jusqu'au point N, où elle rencontre cette demi-circonférence, et ON sera la longueur cherchée, qu'il faudra porter sur la droite OT de part et d'autre du point O.

On pourrait répéter la même construction sur la ligne OC, afin de trouver le petit axe, mais on peut abréger beaucoup cette seconde partie de la construction, au moyen de la remarque suivante. La ligne ON étant égale au demi-grand axe, le point N appartient au cercle principal, en sorte que l'on a :

$$\frac{MP}{NP} = \frac{b}{a}.$$

D'ailleurs, si l'on mène MQ, parallèle à OT, il vient :

$$\frac{OQ}{ON} = \frac{MP}{NP} = \frac{b}{a};$$

or $ON = a$, donc $OQ = b$. Ainsi, il suffira de porter la longueur OQ sur la droite OC, de part et d'autre du point O.

55. On voit par là que, deux diamètres conjugués étant donnés, on peut toujours construire les axes de l'ellipse et que le problème n'admet qu'une solution, donc :

THÉORÈME XII. — *Une ellipse est déterminée, lorsque l'on en connaît deux diamètres conjugués.*

Superficie de l'ellipse.

56. L'ellipse est une des courbes dont on sait calculer la superficie; c'est là la question que nous allons nous proposer de résoudre. Cherchons à déterminer l'aire comprise entre la courbe, l'un des axes et deux ordonnées quelconques perpendiculaires à cet axe.

Soit, par exemple, à calculer l'aire MNQP (fig. 37), comprise entre deux ordonnées perpendiculaires au grand axe. Partageons l'intervalle PQ en un nombre quelconque de parties égales, et, par les points de division, élevons des perpendiculaires que nous prolongeons jusqu'à la circonférence qui a le grand axe pour diamètre. Puis, par les points b, c, etc., b_1, c_1, etc., traçons des parallèles à l'axe, de façon à former deux séries de rectangles qui ont des bases égales, et pour hauteurs, les uns, les ordonnées de l'ellipse; les autres, les ordonnées du cercle. Nous avons (**51**),

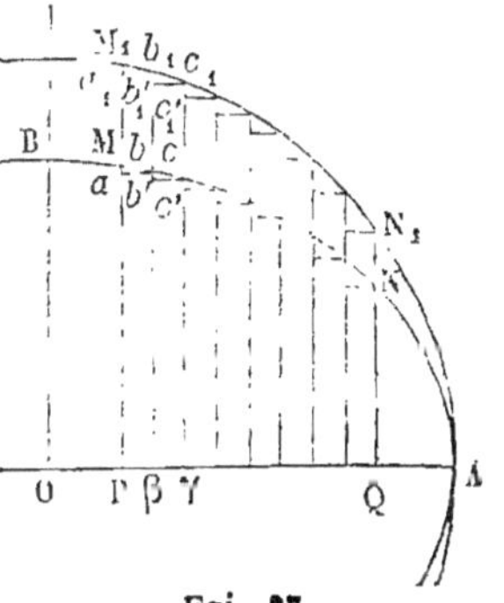

Fig. 37.

$$\frac{Pab\beta}{Pa_1b_1\beta} = \frac{\beta b'c\gamma}{\beta b'_1c_1\gamma} = \cdots \cdots = \frac{b}{a};$$

d'où, en désignant par s, la somme des rectangles inscrits dans l'ellipse, et par s_1, celle des rectangles inscrits dans le cercle,

$$\frac{s}{s_1} = \frac{b}{a}.$$

Or, la même chose a lieu quel que soit le nombre des divisions de la droite PQ; supposons donc qu'on augmente indéfiniment ce nombre, il est clair que la somme s se rapprochera de plus en plus de l'aire elliptique S que nous cherchons, tandis que la somme s_1 tendra à se confondre avec l'aire circulaire correspondante S_1. Donc, à la limite, lorsque les divisions seront infiniment rapprochées, nous aurons :

$$\frac{S}{S_1} = \frac{b}{a}.$$

Il est évident que si nos ordonnées étaient perpendiculaires au petit axe, et que nous désignions par S' et S_1', l'aire elliptique et l'aire de la portion correspondante du cercle décrit sur le petit axe comme diamètre, nous trouverions une proportion analogue :

$$\frac{S'}{S_1'} = \frac{b}{a}.$$

Ce qui nous conduit au théorème suivant :

THÉORÈME XIII. — *L'aire comprise entre un arc d'ellipse, l'un des axes, et deux ordonnées perpendiculaires à cet axe, est à l'aire correspondante du cercle décrit sur ce même axe comme diamètre, dans le rapport des diamètres perpendiculaires à l'axe commun.*

57. Supposons maintenant, que les points P et Q s'écartent l'un de l'autre jusqu'à coïncider respectivement avec les points A et A', alors l'aire elliptique devient une demi-ellipse et la portion de cercle devient un demi-

cercle ; si donc, nous désignons par S l'aire de l'ellipse entière, nous avons :

$$\frac{\frac{1}{2}S}{\frac{1}{2}\pi a^2} = \frac{b}{a},$$

d'où
$$S = \pi ab.$$

Donc :

Corollaire. — *L'aire de l'ellipse a pour mesure le produit de ses deux demi-axes par le rapport de la circonférence au diamètre.*

Génération d'un ellipsoïde. — Volume d'un ellipsoïde.

58. Imaginons que l'on fasse tourner une demi-ellipse autour de l'un de ses axes, elle engendrera une surface de révolution qu'on appelle *un ellipsoïde*. Le *méridien*, c'est-à-dire la section faite dans cette surface par un plan qui contient l'axe, est précisément l'ellipse génératrice.

L'ellipsoïde est dit *allongé*, si l'axe de révolution est le grand axe ; *aplati*, si le mouvement a lieu autour du petit axe. Nous allons nous proposer de déterminer le volume d'un ellipsoïde.

59. *Ellipsoïde allongé.* — Soit MNQP (fig. 37), la portion d'ellipse qui, en tournant autour du grand axe, engendre un segment d'ellipsoïde compris entre deux plans perpendiculaires à cet axe. Effectuons les mêmes constructions que dans l'article 56, nous formons deux séries de rectangles qui donneront naissance à deux séries de cylindres. Ces cylindres ayant la même hauteur, sont entre eux dans le rapport de leurs bases, c'est-à-dire dans le même rapport que les carrés des ordonnées correspondantes ; nous avons donc

$$\frac{\text{Vol. P}ab\beta}{\text{Vol. P}a_1b_1\beta} = \frac{\text{Vol. }\beta b'c\gamma}{\text{Vol. }\beta b'_1 c_1\gamma} = \ldots = \frac{b^2}{a^2};$$

et, en appelant v, la somme des cylindres inscrits dans l'ellipsoïde ; v_1 celle des cylindres inscrits dans la sphère engendrée par le cercle,

$$\frac{v}{v_1} = \frac{b^2}{a^2}.$$

Cette relation, ayant lieu quelque petite que soit la hauteur commune de nos cylindres, aura encore lieu à la limite, lorsque, cette hauteur diminuant indéfiniment, le volume v sera devenu le volume V du segment d'ellipsoïde, et le volume v_1, le volume V_1 du segment sphérique correspondant. Nous aurons donc encore

$$\frac{V}{V_1} = \frac{b^2}{a^2}.$$

60. *Ellipsoïde aplati.* — Si l'on fait les mêmes raisonnements, en remplaçant le grand axe par le petit ; le cercle de la figure 37 par celui qui aurait le petit axe pour diamètre ; et les ordonnés MP, NQ, par des perpendiculaires au petit axe, on arrivera de la même manière à la relation

$$\frac{V'}{V'_1} = \frac{a^2}{b^2}.$$

61. Si donc nous réunissons ces conclusions dans un même énoncé, nous pourrons formuler le théorème suivant :

THÉORÈME XIV.— *Étant donnés une ellipse et un cercle qui a l'un des axes pour diamètre ; si l'on fait tourner l'ellipse et le cercle autour du diamètre commun , le volume d'un segment ellipsoïdal compris entre deux plans perpendiculaires à l'axe de révolution, est au volume du segment sphérique compris entre les mêmes plans, dans le même rapport que les carrés des diamètres perpendiculaires à l'axe de révolution.*

62. Si, en particulier, nous supposons que les deux plans qui limitent nos deux segments, s'écartent l'un de l'autre, jusqu'à passer par les extrémités de l'axe de révolution, les volumes engendrés seront le volume entier de l'ellipsoïde et le volume entier de la sphère. On aura donc :

1° Pour l'ellipsoïde allongé,

$$\frac{V}{\frac{4}{3}\pi a^3} = \frac{b^2}{a^2},$$

d'où
$$V = \frac{4}{3}\pi ab^2. \qquad [1]$$

2° pour l'ellipsoïde aplati,

$$\frac{V_1}{\frac{4}{3}\pi b^3} = \frac{a^2}{b^2},$$

d'où
$$V_1 = \frac{4}{3}\pi a^2 b. \qquad [2]$$

Les expressions [1] et [2] peuvent s'écrire de la manière suivante,

$$V = \pi ab \times \frac{4}{3}b,$$

$$V_1 = \pi ab \times \frac{4}{3}a.$$

Ce qui nous conduit à un énoncé assez facile à retenir :

COROLLAIRE. — *Le volume d'un ellipsoïde s'obtient en multipliant l'aire de l'ellipse génératrice, par les $\frac{4}{3}$ du demi-diamètre, perpendiculaire à l'axe de révolution.*

Applications de l'ellipse et de l'ellipsoïde.

65. L'ellipse est l'une des courbes dont les applications sont le plus nombreuses. Nous allons indiquer ici quelques-unes des plus importantes.

Voûtes elliptiques. — Il est un grand nombre de circonstances dans lesquelles on ne peut construire des voûtes *en plein cintre*, c'est-à-dire des voûtes dans lesquelles le profil de l'*intrados** est un demi-cercle. On conçoit, en effet, que dans une multitude de constructions, il y aurait un grave inconvénient à employer des voûtes en plein-cintre dont l'élévation au-dessus du *plan de naissance* est égale à la moitié de la largeur. Qu'il s'agisse, par exemple, des arches d'un pont; ou bien on fera les arches très-larges et alors le tablier sera extrêmement élevé; ou bien on maintiendra le tablier à une médiocre hauteur et l'on sera contraint de construire des arches étroites, qui apporteront un obstacle au mouvement des eaux et à la navigation. Si l'on veut pratiquer au-dessous d'une maison un passage pour les voitures, la voûte en plein cintre s'élèvera très-haut et pénétrera dans l'étage supérieur; ou, si l'on veut éviter cet inconvénient, on devra la faire reposer sur des pieds-droits très-peu élevés et la voûte présentera un aspect disgracieux; de plus, elle ne pourra plus livrer passage à des voitures dont la partie supérieure serait un peu large.

Dans ces circonstances et dans une infinité de cas analogues, on a recours à l'emploi de voûtes *surbaissées*, c'est-à-dire de voûtes dont l'intrados s'élève moins que ne le ferait un demi-cercle. L'ellipse fournit un des profils les plus simples et, en même temps, les plus agréables à l'œil.

Le problème à résoudre pour tracer l'intrados est très-simple. On connaît le grand axe de l'ellipse, qui n'est autre chose que l'écartement des pieds-droits, et le demi-

---

* On appelle *intrados*, la base du cylindre qui forme la surface intérieure d'une voûte. L'*extrados* est la base du cylindre qui limite la surface supérieure des pierres dont la voûte est composée, ou *roussoirs*.

Les *pieds droits* sont les murs ou piliers verticaux sur lesquels reposent les deux extrémités de la voûte.

Le *plan de naissance* est le plan qui passe par les extrémités supérieures des pieds-droits.

petit axe qui est la hauteur de la clef. On aura donc à tracer une ellipse dont les axes sont connus (**25**).

En général, on donne à la voûte une épaisseur uniforme; on tracera donc l'extrados de la manière suivante. On partage la courbe ABA' (fig. 38), en autant de parties égales qu'il doit exister de voussoirs. Ce nombre doit être

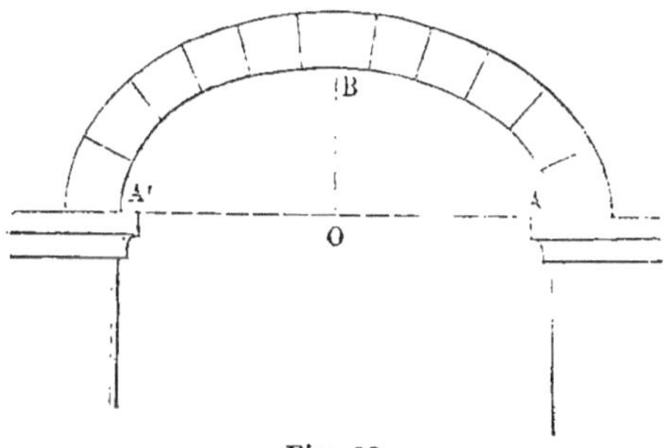

Fig. 38.

impair. Par tous les points de division, on mène des normales (**47**), sur lesquelles on porte des longueurs égales à l'épaisseur de la voûte ; en joignant par un trait continu les points ainsi construits, on obtient la courbe de l'extrados, et, en même temps, les profils des têtes de voussoirs. Il est important en effet, pour la solidité de la construction, que les joints soient dirigés suivant des normales à l'intrados.

Dans la circonstance qui nous occupe, on pourrait employer, au lieu d'une demi-ellipse, un arc de cercle inférieur à la demi-circonférence, mais il faut remarquer qu'alors l'intrados ne serait pas tangent aux pieds-droits ; il en résulterait que la voûte exercerait sur ceux-ci une poussée latérale très-considérable, qui tendrait à les écarter l'un de l'autre. On emploie, il est vrai, assez fréquemment ce tracé pour les arches des ponts ; mais il est aisé de comprendre que les voûtes de deux arches consécutives s'appuyant sur la même pile, exercent sur elle des poussées dirigées en sens contraire, qui se détruisent, entièrement si les voûtes sont égales ; partiellement dans le cas contraire.

Berceaux rampants. — La forme elliptique est aussi la plus convenable pour l'intrados des *berceaux rampants*, c'est-à-dire des voûtes destinées à soutenir des rampes, et dont, conséquemment, le plan de naissance n'est pas horizontal. Le cercle présenterait, en effet, le grave inconvénient de ne pouvoir être tangent aux deux pieds-

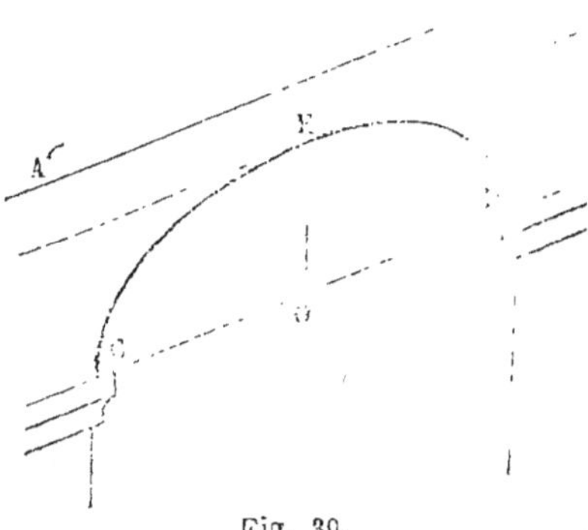

droits et de les rencontrer sous des angles inégaux ; il en résulterait, par conséquent, des poussées latérales très-différentes.

Le tracé de l'intrados ne présente aucune difficulté. Soit AB (fig. 39) la rampe qu'il s'agit de soutenir ; le plan de naissance CD est parallèle à AB ; OE étant la hauteur verticale de la voûte au-dessus du milieu O de CD, on a à construire une ellipse dont on connaît deux diamètres conjugués. Nous avons résolu ce problème (54). L'extrados se détermine ensuite comme dans le cas précédent.

Fig. 39.

Voutes surhaussées. — On construit quelquefois des voûtes *surhaussées*, c'est-à-dire plus élevées que ne le serait une voûte en plein cintre de même largeur. Le problème est le même que pour les voûtes surbaissées, avec cette différence que le petit axe de l'ellipse est horizontal et égal à l'écartement des pieds-droits, tandis que le demi-grand axe est vertical et égal à la hauteur de la voûte.

Œils de boeuf. — On donne souvent la forme elliptique aux lucarnes arrondies que l'on désigne sous le nom d'*œils de bœuf*. On a alors à construire une ellipse *entière* dont on connaît les deux axes.

Descente biaise de cave. — On appelle *descente biaise*

de cave, un passage voûté, oblique au plan de l'entrée et incliné sur l'horizon. La voûte est ordinairement un cylindre circulaire oblique. Pour limiter les plans de joints, on détermine *la section droite* de ce cylindre, c'est-à-dire la section faite par un plan perpendiculaire aux génératrices. Or cette section est évidemment la projection du cercle d'entrée sur le plan sécant, c'est donc une ellipse. On connaît deux diamètres conjugués de cette ellipse, qui sont les projections du diamètre horizontal et du diamètre vertical du cintre d'entrée sur le plan de la section droite.

S'il s'agissait d'un passage biais *horizontal*, les diamètres conjugués dont nous venons de parler seraient les axes de l'ellipse.

La construction des voûtes exige encore l'emploi de l'ellipse dans plusieurs circonstances que nous étudierons plus loin, en même temps que les applications de l'ellipse aux ombres et à la perspective (*V.* chap. IV).

Miroirs elliptiques. — Nous avons expliqué plus haut (57), la propriété physique de l'ellipse qui justifie la dénomination de foyers. Nous avons vu que, si l'on suppose qu'une ellipse est une ligne polie à l'intérieur, tous les rayons calorifiques ou lumineux, émanés de l'un des foyers, iront converger à l'autre; imaginons actuellement que cette ligne tourne autour de son grand axe, elle engendrera une surface que nous avons désignée sous le nom d'ellipsoïde allongé. Il est à remarquer que tous les méridiens de cette surface de révolution auront les mêmes foyers et que l'effet dont nous venons de parler se produira pour chacun de ces méridiens.

Plaçons en l'un des foyers un corps sonore, c'est à l'autre foyer que le son sera perçu avec le plus d'intensité. C'est ainsi que dans une salle couverte d'une voûte ellipsoïdale, deux personnes placées aux foyers pourront converser à voix basse et s'entendre mutuellement, tandis que les personnes placées dans d'autres points de la salle, ne sauraient distinguer les paroles que prononcent les premières.

De même, si l'on emploie un miroir de forme ellipsoïdale allongée, on pourra, au moyen de charbons ardents placés à l'un des foyers, allumer un morceau d'amadou placé à l'autre. Si l'on remplace la source de chaleur par une source de lumière, on concentrera la lumière au foyer conjugué; un réflecteur elliptique est donc le meilleur que l'on puisse employer si l'on veut éclairer fortement un objet de petites dimensions. Il est, d'ailleurs, évident qu'il n'est pas nécessaire que le miroir forme un ellipsoïde complet et qu'une calotte ellipsoïdale produira le même effet, bien qu'avec moins d'intensité.

Coupoles elliptiques. — Les dômes qui surmontent certains édifices ne sont pas toujours des hémisphères; ce sont, très-souvent, des demi-ellipsoïdes dont l'axe de révolution est vertical. Ces ellipsoïdes peuvent être allongés ou aplatis; les premiers sont ceux qui présentent la forme la plus gracieuse. Pour les déterminer, il suffit évidemment de tracer l'un des méridiens, ce qui revient à tracer une voûte elliptique.

Le tracé des voussoirs est plus compliqué; soit AB (fig. 40), un méridien de notre coupole ellipsoïdale;

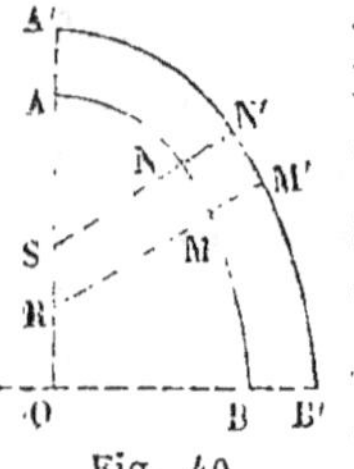

Fig. 40.

M, N, etc., étant les extrémités des joints, nous construirons les normales MR, NS, etc., sur lesquelles nous prendrons des longueurs égales MM', NN', etc., et nous obtiendrons ainsi le contour de l'extrados. Faisons actuellement tourner la figure autour de l'axe AO, l'ellipse ANB engendrera la surface d'intrados; la courbe A'N'B', la surface d'extrados; et les normales SN, RM, des cônes circulaires droits. Le quadrilatère NN'M'M donne ainsi naissance à une sorte d'anneau horizontal compris entre les surfaces d'intrados et d'extrados et les deux cônes. En coupant cet anneau par des méridiens équidistants, on obtiendra les voussoirs.

JAUGEAGE DE LA CUCURBITE. — La chaudière ou *cu-curbite*, qui forme la partie inférieure d'un alambic, est souvent une portion d'ellipsoïde allongé. Voici comment on en peut déterminer la capacité. On place la cucurbite de façon que son orifice circulaire soit horizontal, puis on pose sur les bords de cette ouverture une règle divisée qui passe par le cen-tre. On promène le long de cette règle, un fil à plomb dont l'ex-trémité inférieure tou-che constamment la paroi intérieure du vase. Supposons, par exemple, le fil placé en MP (fig. 41); on

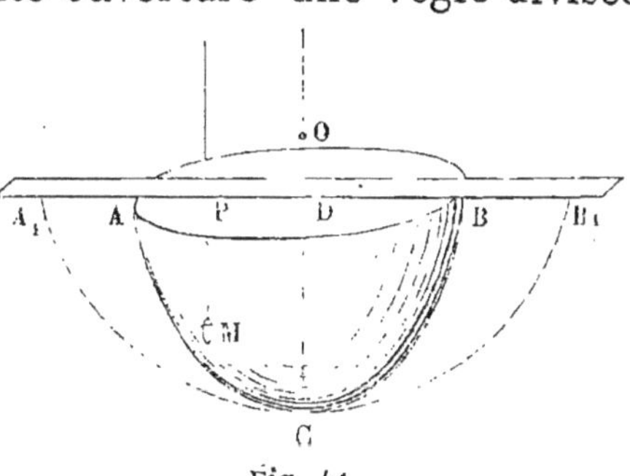

Fig. 41.

mesure les distances DP et PM. En répétant plusieurs fois cette opération, on pourra reporter sur le papier autant de points du méridien ACB que l'on voudra, et tracer ainsi l'ellipse génératrice avec une exactitude suffisante. On connaît d'ailleurs le sommet C et la direction du grand axe; l'ellipse étant partiellement tra-cée, il sera aisé d'en trouver le centre O (**51**). On pourra donc décrire le cercle principal, et calculer le volume engendré par le segment circulaire A_1CB_1; en désignant par V, le volume de la cucurbite et par V_1 le volume du segment sphérique (**61**) :

$$\frac{V}{V_1} = \frac{b^2}{a^2}.$$

On calculera aisément le rapport $\dfrac{b}{a}$, au moyen de la relation

$$\frac{b}{a} = \frac{DA}{DA_1};$$

donc, en remarquant que

$$V_1 = \frac{1}{2}\,\pi\overline{DA_1}^2 \times DC + \frac{1}{6}\,\pi\overline{DC}^3,$$

nous aurons, pour le volume cherché,

$$V = \frac{\overline{DA}^2}{\overline{DA_1}^2} \left(\frac{1}{1} \pi \overline{DA_1}^2 \times DC + \frac{1}{6} \pi \overline{DC}^3 \right),$$

ou, en effectuant,

$$V = \frac{1}{2} \pi \overline{DA}^2 \times DC + \frac{1}{6} \pi \frac{\overline{DA}^2}{\overline{DA_1}^2} \times \overline{DC}^3.$$

CHAPITRE II.

64. *On appelle* Hyperbole *une ligne plane, telle que la
différence des distances de chacun de ses points à deux points
fixes est constante.*

Les deux points fixes s'appellent *les foyers*, et les droites qui joignent les foyers à un point quelconque de
l'hyperbole, portent le nom de *rayons vecteurs*.

On comprend que cette ligne s'étend indéfiniment; si,
en effet, on ajoute aux deux rayons vecteurs une même
quantité de plus en plus grande, on peut les rendre aussi
grands que l'on voudra, sans que leur différence cesse
d'avoir la même valeur.

65. Tracés de l'hyperbole. — 1° *Tracé continu.* — La
définition précédente fournit un moyen de tracer cette
ligne d'un mouvement continu, ou, tout au moins, d'en
tracer une partie. Supposons qu'une règle de longueur
quelconque soit fixée à l'un des foyers F' (fig. 42), de façon à pouvoir tourner autour de lui. Un fil est attaché
par l'une de ses extrémités, à l'autre bout de la règle;
par l'autre, au foyer F. La longueur de ce fil est inférieure à celle de la règle d'une quantité égale à la différence constante $2a$. Si l'on place la règle de façon que le

fil soit tendu, il est clair que le point G sera un point de l'hyperbole. Appuyons un crayon le long de la règle e

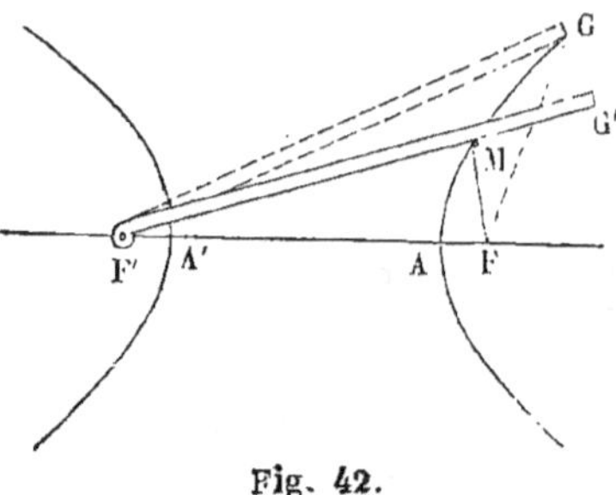

Fig. 42.

faisons-le glisser en maintenant le fil tendu nous décrirons un arc d'hyperbole ; soit en effet M, une position quelconque du crayon on voit que les deux longueurs F'G, FG ont été diminuées de la

même quantité G'M, tandis que la règle a passé de la position F'G à la position F'G'; donc la différence F'M — FM est encore égale à $2a$.

On peut évidemment retourner l'appareil que nous venons de décrire, fixer la règle au point F, et le fil au point F', on obtiendra ainsi une seconde branche de l'hyperbole.

Ce procédé est susceptible de moins de précision encore que celui que nous avons indiqué pour l'ellipse, d'ailleurs l'appareil est difficile à construire avec quelque exactitude.

2° *Tracé par points.* — Il est préférable de construire un certain nombre de points que l'on joint ensuite par un

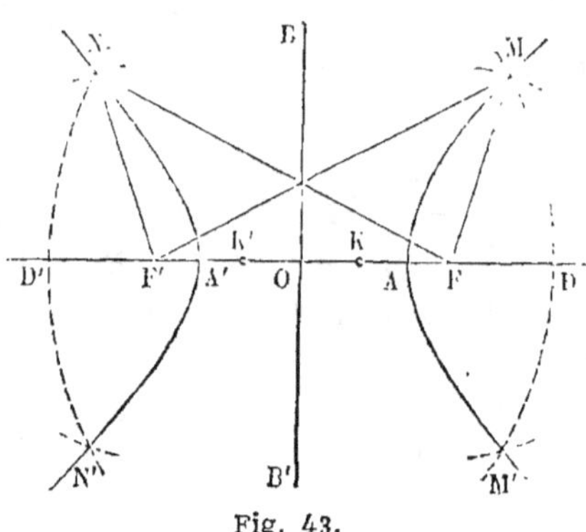

Fig. 43.

trait continu. Soient F et F' (fig. 43), les deux foyers de l'hyperbole, prenons une longueur F'K égale à $2a$ et décrivons du point F' comme centre, une circonférence quelconque, qui coupe en D, la droite FF'; puis du point F comme centre, avec DK pour rayon, décrivons une seconde circonférence qui coupe la première en deux points M et M ; ces points appartiennent évidemment a l'hyperbole. En faisant varier la position du point D, on obtiendra autant de points que l'on voudra.

66. Pour chacune des positions du point D, on obtiendra *quatre* points de l'hyperbole. Il suffira, pour cela, d'intervertir les rôles des deux foyers F et F'.

Pour que les circonférences se coupent, il faut évidemment que le point D soit plus éloigné du point F' que le point A, milieu de la distance KF.

Il est aisé de voir que l'hyperbole se compose de deux branches infinies qui n'ont aucun point commun, car pour les points situés du côté du foyer F, on a F'M>FM; et pour ceux qui se trouvent du côté du Foyer F', on a au contraire F'N<FN.

Notions géométriques.

67. THÉORÈME I. — *L'hyperbole est une ligne courbe, convexe.*

La démonstration de ce théorème est en tout semblable à celle du théorème analogue, relatif à l'ellipse; nous nous proposerons la question suivante :

Construire les points d'intersection d'une ligne droite et d'une hyperbole, ou, ce qui revient au même, étant donnés une droite et deux points, trouver sur la droite un point tel que les différences de ses distances aux deux points donnés soit égale à une longueur donnée.

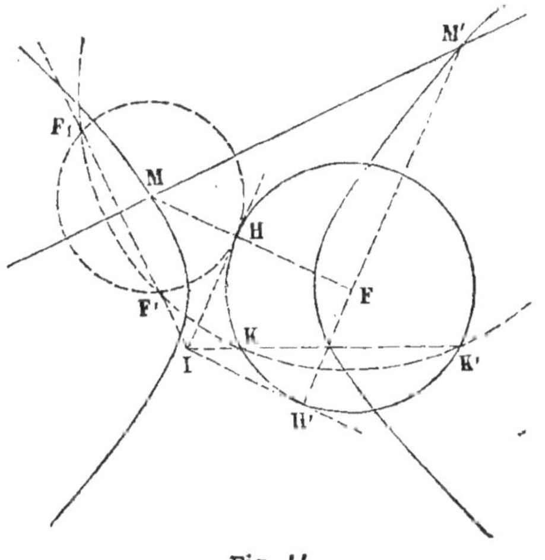

Fig. 44.

Supposons le problème résolu, et soient (fig. 44) F et F' les deux foyers, MM' la droite donnée, M le point cherché. Tirons FM et prenons sur cette droite une longueur MH égale à MF'; puis, construisons le point F_1, symétrique de F' par rapport à la droite donnée, et joignons MF'', MF$_1$. Il est clair que les trois lignes MH, MF'', MF$_1$ sont égales et que, conséquemment, le point M est le centre d'un cercle qui passerait par les trois points H, F', F$_1$. Les deux derniers points sont connus; pour trouver le premier, nous remarquerons que si l'on traçait une circonférence, du point F comme centre, avec la différence donnée $2a$, pour rayon, cette circonférence passerait au point H, et serait tangente en ce point, à celle dont nous venons de parler. Le problème est donc ramené à celui-ci : *construire une circonférence, qui passe par deux points donnés F' et F$_1$, et qui soit tangente à une circonférence donnée.*

Nous avons rappelé (24) la solution de ce problème, il est inutile d'y revenir ici[*]. Nous savons que le problème admet, *au plus*, deux solutions; par conséquent, *l'hyperbole ne saurait avoir plus de deux points communs avec une droite.* C. Q. F. D.

68. Axes. — Sommets — Théorème II. — *La droite qui passe par les foyers, et la perpendiculaire au milieu de cette droite, sont des axes de la courbe.*

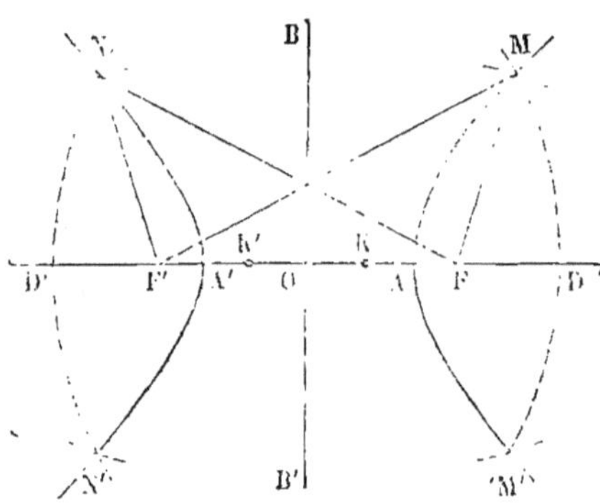

Fig. 45.

Même démonstration que pour l'ellipse (**22**). Se servir de la figure 45.

Il est facile de voir que l'axe BB' ne rencontre pas l'hyperbole, car les points de cet axe, étant également distants des deux foyers ne peuvent appartenir à la

---

[*] Les lettres de la figure 44 sont disposées de façon que l'on puisse s'en servir pour suivre la solution expliquée dans l'article 21.

courbe. Il en résulte que *l'hyperbole n'a que deux sommets*. Ces sommets sont faciles à construire; il est clair, en effet, que le point A, milieu de FK (fig. 45) est un point de la courbe, car on a :

$$F'A - FA = F'A - AK = F'K$$

On construirait l'autre, en portant une longueur FK' égale à F'K, et en prenant le milieu de F'K', ou en prenant F'A' égal à FA.

On distingue ordinairement les deux axes, par les noms d'*axe transverse* et d'*axe non-transverse*. Le premier est évidemment égal à la différence constante des deux rayons vecteurs d'un point de la courbe, on a, en effet,

$$AA' = F'K + AK - A'F',$$

or

$$AK = A'F' = \frac{FK}{2},$$

donc

$$AA' = F'K = 2a.$$

69. Centre. — Théorème III. — *Le point de rencontre des deux axes est le centre de l'hyperbole.*

Même démonstration que pour l'ellipse (**26**). (Fig. 45).

70. Excentricité. — La forme d'une hyperbole dépend évidemment du rapport qui existe entre la distance des foyers et la longueur de l'axe transverse. Ce rapport a reçu le nom d'*excentricité*. En désignant par $2c$ la distance des foyers, par $2a$ la longueur de l'axe transverse, on aura :

$$e = \frac{c}{a}.$$

D'où l'on voit que l'excentricité est toujours supérieure à l'unité.

Une hyperbole est évidemment déterminée lorsque l'on donne son excentricité et son axe transverse.

71. Théorème IV. — *L'hyperbole partage son plan en deux régions; dans l'une, la différence des rayons vecteurs d'un point est supérieure à l'axe transverse; dans l'autre, elle est inférieure à cette même quantité.*

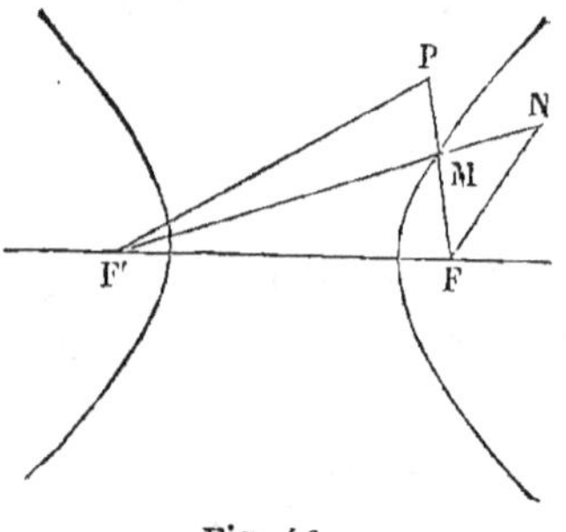

Fig. 46.

Soit d'abord P (fig. 46), un point situé hors de l'hyperbole, c'est-à-dire entre les deux branches, si nous le joignons aux deux foyers, il est évident que les rayons vecteurs rencontreront la courbe.

Soit M l'un des points de rencontre, joignons F'M; nous aurons, dans le triangle PMF',

$$PF' - PM < MF',$$

d'où, en retranchant MF de part et d'autre,

$$PF' - PM - MF < MF' - MF,$$

ou
$$PF' - PF < 2a.$$

Prenons, en second lieu, un point intérieur N; traçons les deux rayons vecteurs de ce point, dont l'un coupe l'hyperbole en M, et joignons FM; le triangle NMF nous donne la relation

$$MN + MF > NF ;$$

d'où, ajoutant de part et d'autre, MF',

$$MF' + MN + MF > NF + MF'$$

ou bien
$$NF' + MF > NF + MF',$$

et enfin
$$NF' - NF > MF' - MF = 2a.$$

Donc, selon qu'un point est situé à l'extérieur de la courbe, sur l'hyperbole même ou à l'intérieur, la différence de ses rayons vecteurs est inférieure, égale ou supérieure à l'axe transverse.

Tangente à l'hyperbole. — Normale. — Asymptotes.

72. THÉORÈME V. — *La tangente à l'hyperbole fait des angles égaux avec les rayons vecteurs du point de contact.*

Cette propriété, semblable à celle de la tangente à l'ellipse, se démontre d'une manière analogue. Soit MM' (fig. 47), une sécante qui coupe l'hyperbole en deux points très-voisins l'un de l'autre; construisons le point H, symétrique du foyer F par rapport à la droite MM' et tirons les droites FM, FM', F'M, F'M', HM, HM'; enfin menons la droite HF' qui coupe la sécante au point G, et joignons FG. Les lignes

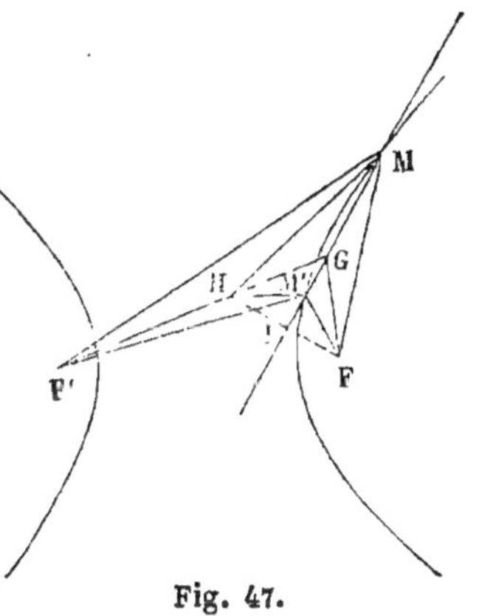

Fig. 47.

MF, MH sont deux obliques qui s'écartent également du pied de la perpendiculaire MI, elles sont donc égales; il en est de même des droites M'F, M'H et des droites GF, GH. On a donc :

$$F'M - HM = F'M - FM = 2a,$$

$$F'M' - HM' = F'M' - FM' = 2a,$$

$$HF' = F'G - GH = F'G - GF.$$

D'ailleurs, dans le triangle HMF', nous voyons que

$$HF' > F'M - HM,$$

ou bien $$HF' > 2a;$$

le point G se trouve donc à l'intérieur de l'hyperbole, et, par conséquent, entre les points M et M'. Donc, lorsque ces deux points se rapprocheront l'un de l'autre jusqu'à coïncider, le point G viendra se confondre avec eux. En même temps, la sécante sera devenue tangente, et le point G sera le point de contact.

Or, dans toutes les positions de la sécante, le triangle FGH est isocèle, et, par conséquent, la perpendiculaire GI est bissectrice de l'angle FGF'; la même chose aura donc encore lieu à la limite, lorsque les deux côtés de cet angle seront les rayons vecteurs du point de contact.

C. Q. F. D.

Il faut remarquer ici que, dans l'ellipse, la tangente partage en deux parties égales l'angle formé par un rayon vecteur et le prolongement de l'autre, tandis que dans l'hyperbole, elle est bissectrice de l'angle même des deux rayons.

73. CorollaIRE I. *La normale en un point de l'hyperbole est également inclinée sur les deux rayons vecteurs de ce point.*

Soit TT' (fig. 48) une tangente à l'hyperbole, les angles F'MT', T'MF sont égaux d'après le théorème précédent; la normale MN étant perpendiculaire à TT' est donc la bissectrice de l'angle SMF, formé par le rayon FM et le

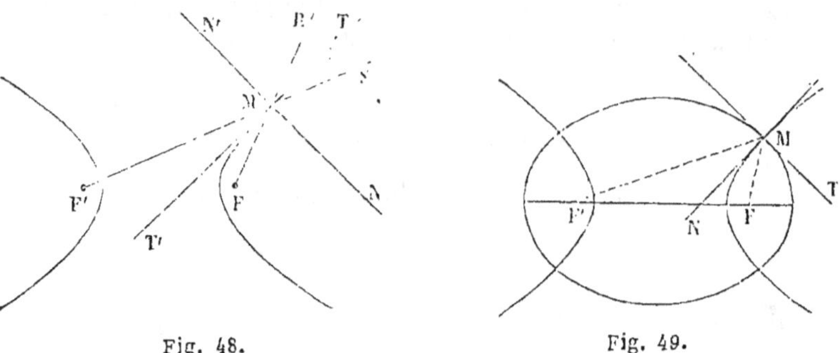

Fig. 48.   Fig. 49.

prolongement de F'M; conséquemment, les angles FMN, F'MN' sont égaux.

CorollaIRE II. — *Une ellipse et une hyperbole homofocales se coupent à angles droits.*

On dit que deux courbes sont *homofocales*, lorsqu'elles ont les mêmes foyers; d'ailleurs on sait que l'angle sous

-lequel se coupent deux lignes courbes, n'est autre chose que l'angle des tangentes menées à ces lignes par le point d'intersection.

Cela posé, soit M (fig. 49), un point commun à une ellipse et à une hyperbole homofocales. Si nous joignons FM et F'M, les tangentes à l'hyperbole et à l'ellipse sont les bissectrices de l'angle FMF' et de son supplément, elles sont donc perpendiculaires l'une sur l'autre.

74. *Miroirs hyperboliques.* — Nous retrouvons ici une propriété analogue à celle de l'ellipse (57). Supposons que la branche de droite de notre hyperbole (fig. 48), soit une lame polie intérieurement et extérieurement; si l'on place en F un foyer lumineux, tous les rayons émanés de ce point et reçus dans l'œil après leur réflexion à l'intérieur de la courbe, *sembleront* venir de l'autre foyer F', en sorte que l'on croira voir en ce point, une source de lumière. Inversement, les rayons émis par une source lumineuse placée en F', et réfléchis sur la surface extérieure de la lame polie, *paraîtront* venir du point F, et c'est là que l'œil croira voir le point lumineux. Un phénomène analogue se produirait, si l'on remplaçait la source lumineuse par une source de chaleur, un centre de vibrations sonores, etc.

Il faut néanmoins observer une différence importante avec l'ellipse; c'est que, dans cette dernière courbe, les rayons réfléchis passent effectivement par le foyer conjugué; c'est un foyer *réel*. Dans l'hyperbole, au contraire, ce sont seulement les prolongements des rayons réfléchis qui passent au foyer; en sorte que le concours des rayons n'est qu'apparent, c'est un foyer *virtuel*.

75. THÉORÈME VI. *Le lieu géométrique des projections des foyers sur les tangentes, est une circonférence qui a pour diamètre l'axe transverse.*

Soit TT' (fig. 50), une tangente au point M, abaissons FI, perpendiculaire sur la tangente, et prolongeons-la jusqu'au point H, où elle rencontre le rayon vecteur F'M.

La tangente étant bissectrice de l'angle F'MF, le triangle FMH est isocèle, on a donc

$$F'H = F'M - MH$$
$$= F'M - FM = 2a$$

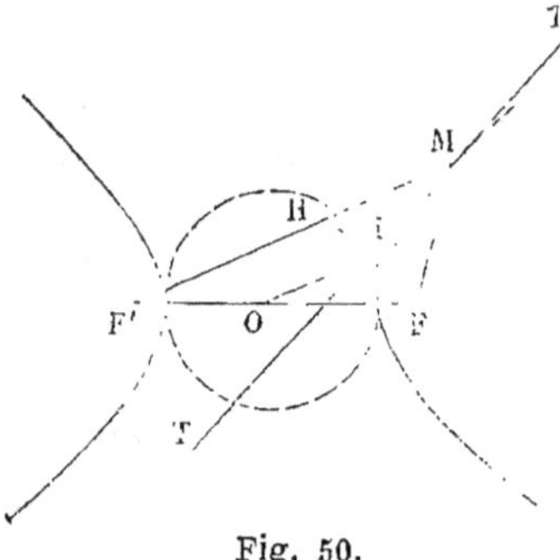

Fig. 50.

Par suite, la ligne OI, qui joint les milieux des deux côtés FH, FF' du triangle FF'H, est parallèle à F'H, et égale à la moitié de sa longueur, ou à a. Elle est donc constante. C. Q. F. D.

Nous désignerons ce cercle sous le nom de *cercle principal*.

76. CERCLE DIRECTEUR. — Nous ferons remarquer aussi un autre cercle, dont la considération est fort utile, c'est celui que l'on décrirait de l'un des foyers comme centre, avec l'axe transverse pour rayon. On l'appelle *cercle directeur*. On voit que, pour l'hyperbole comme pour l'ellipse, il existe deux cercles directeurs, avec cette différence toutefois, que dans l'ellipse, le cercle directeur qui a l'un des foyers pour centre, contient l'autre foyer, tandis que, dans l'hyperbole, chaque foyer est extérieur au cercle dont l'autre foyer est le centre.

77. *Autre définition de l'hyperbole.* — Soit M (fig. 51),

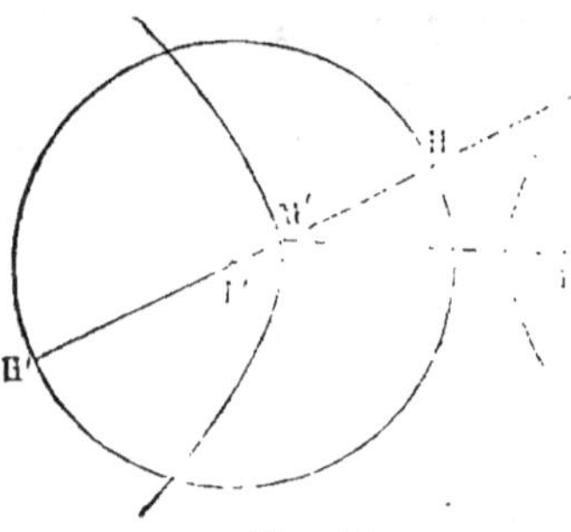

Fig. 51.

un point de la branche d'hyperbole qui contient le foyer F ; traçons les rayons vecteurs FM, F'M ; si H est le point de rencontre de F'M avec le cercle directeur dont F' est le centre, nous avons évidemment

$$MH = MF.$$

Nous pouvons donc définir l'hyperbole, *le lieu géométrique des points également distants d'une circonférence et d'un point extérieur à cette circonférence.*

78. On pourrait tirer de cette définition, un moyen, assez compliqué du reste, de tracer l'hyperbole par points.

79. Asymptotes. — Si nous nous reportons aux définitions qui précèdent, du cercle principal et des cercles directeurs, nous voyons que, lorsque le point M (fig. 50) se meut sur l'hyperbole, le point I décrit le cercle principal, tandis que le point H décrit le cercle directeur qui a pour centre le foyer F'. Or les deux droites F'H, OI restent constamment parallèles, en sorte que les deux angles OIF, F'HF sont toujours égaux entre eux. Il en résulte que si la droite FI devient tangente au cercle principal, elle est aussi tangente au cercle directeur, puisque, l'angle OIF étant droit, l'angle F'HF est droit aussi.

Mais, dans ce cas, la tangente TM, qui est perpendiculaire au milieu de FH, coïncide avec le rayon OI, et son point de contact avec l'hyperbole, lequel n'est autre chose que son intersection avec F'H, se trouve rejeté à une distance infinie, puisque les droites F'H et OI sont parallèles. Nous avons ainsi une tangente dont le point de contact est situé à l'infini, c'est-à-dire qu'en réalité, ce point de contact n'existe pas, mais que la courbe se rapproche de plus en plus de cette droite, sans jamais la toucher. Cette droite a reçu le nom d'*asymptote*.

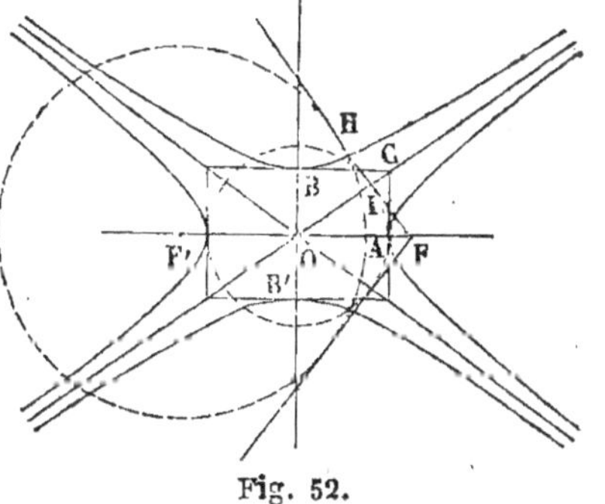

Fig. 52.

D'après ce qui précède, on construira l'asymptote en menant par le foyer F (fig. 52), une tangente au cercle principal (laquelle est en même temps tangente au cercle directeur), et en joignant le centre O, au point de contact de cette tangente.

Il est évident que la deuxième tangente fournira une seconde asymptote. D'ailleurs la symétrie de la figure fait voir que les asymptotes de la branche de gauche sont les prolongements de celles de la branche de droite. *L'hyperbole* a donc deux *asymptotes*.

80. Théorème VII. — *Les asymptotes de l'hyperbole coïncident avec les diagonales d'un rectangle qui aurait pour base, l'axe transverse et pour diagonale, la distance des foyers.*

Elevons au point A (fig. 52), une perpendiculaire à l'axe transverse, jusqu'à sa rencontre, en C, avec l'asymptote. Les deux triangles rectangles OFI, OCA sont égaux, car ils ont un angle aigu commun et le côté OA égal au côté OI comme rayons d'un même cercle. Il s'ensuit que OC est égal à OF.

C. Q. F. D.

81. Hyperboles conjuguées. — Si deux hyperboles ont les mêmes asymptotes et la même distance focale mais que l'axe transverse de l'une soit placé sur l'axe non transverse de l'autre, elles sont dites *conjuguées*.

Il résulte de cette définition que deux hyperboles conjuguées sont placées dans des angles différents de leurs asymptotes communes. Elles sont d'ailleurs inégales, car si a représente le demi-axe transverse de l'hyperbole qui a F et F' pour foyers (fig. 52); le demi-axe OB de sa conjuguée sera évidemment égal à $\sqrt{c^2 - a^2}$.

82. Hyperbole équilatère. — Toutefois, si l'on avait la relation

$$c^2 - a^2 = a^2,$$

d'où
$$c^2 = 2a^2$$

ces deux hyperboles conjuguées seraient égales. Dans ce cas, le triangle OAC devient isocèle, et, par suite, les asymptotes forment avec l'axe un angle de 45°; elles sont donc rectangulaires. On donne le nom d'*hyperbole équilatère* à une hyperbole dont les asymptotes sont ainsi perpendiculaires l'une sur l'autre.

85. Tracé des tangentes. — Les propriétés de la tangente à l'hyperbole, tout à fait analogues à celles de la tangente à l'ellipse, nous conduisent à des tracés presque identiques ; nous pourrons profiter de cette ressemblance pour abréger les explications.

Problème I. — *Mener une tangente à l'hyperbole par un point donné sur la courbe.*

Soit M (fig. 53), le point donné, joignons FM, F'M ; ce dernier rayon rencontre le cercle directeur au point H ; si donc nous joignons FH, il suffira de tirer une droite du point donné M, au point I où la ligne FH rencontre le cercle principal.

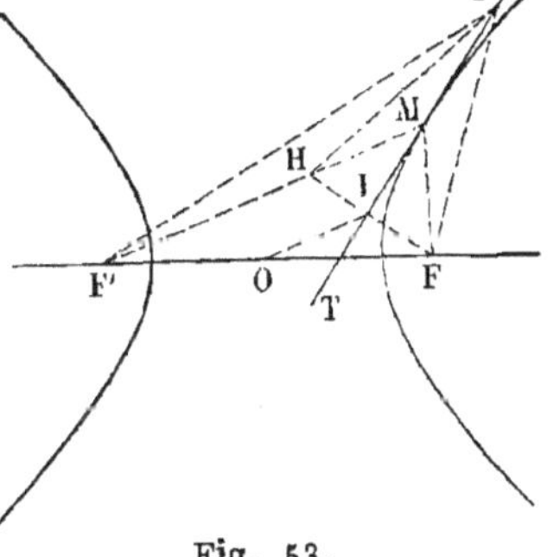

Fig. 53.

Dans le cas où, comme sur la figure, ces deux cercles ne seraient pas tracés, on n'aurait qu'à prendre une longueur MH égale à MF et à abaisser du point M, une perpendiculaire sur FH.

Problème II. — *Mener une tangente à l'hyperbole par un point extérieur.*

Supposons le problème résolu ; soient P le point donné (fig. 54), et PM, la tangente. Prenons MH = MF, le point H est situé sur le cercle directeur dont F' est le centre ; d'ailleurs les distances PF, PH étant égales, le point H se trouvera encore sur un cercle décrit du point P comme centre avec PF pour rayon ; il sera donc à l'intersection de ces deux circonférences. Le point H étant ainsi connu, nous n'aurons plus qu'à joindre FH et à abaisser du point P, une perpendiculaire sur cette

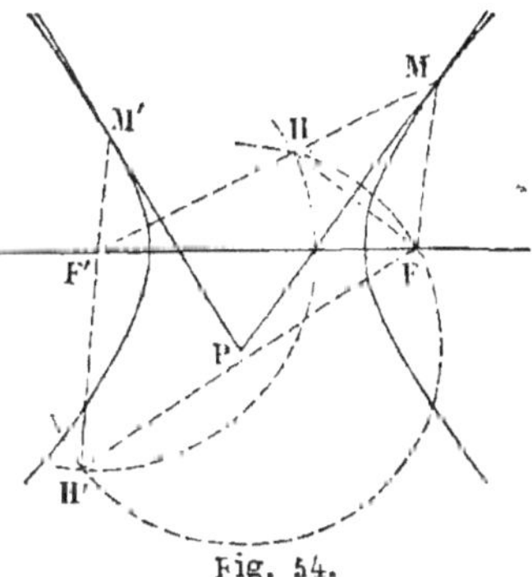

Fig. 54.

droite. Si le cercle principal est tracé, il suffira de joindre P au point où la droite FH rencontre ce cercle. Quant au point de contact, on le trouvera en joignant F'H et prolongeant cette droite jusqu'à sa rencontre avec sa tangente.

Il y a évidemment deux solutions, puisque deux circonférences se coupent généralement en deux points. PM' est la seconde tangente. Toutefois, pour que le problème soit possible, il faut que les circonférences se rencontrent. Remarquons d'abord, qu'elles ne peuvent être intérieures, puisque l'une d'elles passe par le point F' qui est extérieur à l'autre. Il suffit donc que la distance des centres soit plus petite que la somme des rayons, c'est-à-dire que l'on ait

$$PF' < F'H + PF,$$

ou $$PF' - PF < F'H = 2a.$$

Ce qui indique que le point P doit être situé entre les deux branches de la courbe (74).

PROBLÈME III. — *Mener à l'hyperbole, une tangente parallèle à une direction donnée.*

Soit OL (fig. 55), la direction donnée; si nous abaissons par le foyer F une perpendiculaire à OL, cette perpendiculaire rencontrera en un point H, le cercle directeur décrit autour du foyer F' et la tangente sera perpendiculaire au milieu de FH. Son point de contact avec la courbe est son intersection avec le prolongement de F'H.

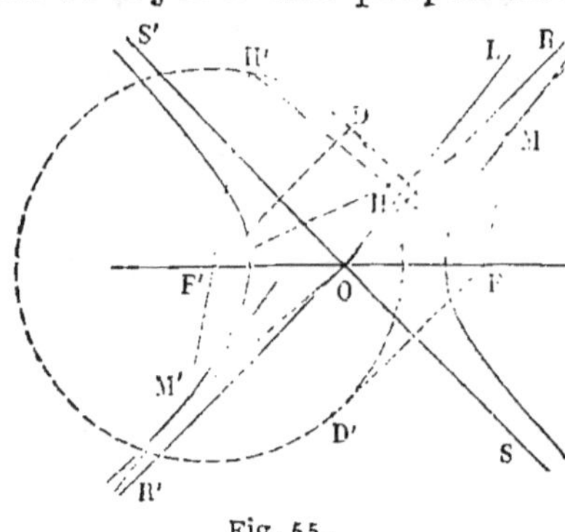

Fig. 55.

Il y a d'ailleurs deux solutions, car la droite FH rencontre le cercle directeur en un second point H'. Mais, pour que le problème soit possible, il faut que la droite FH rencontre le cercle directeur, c'est-à-dire qu'elle soit comprise dans l'angle DFD′ que forment les deux tangentes menées du point F à ce cercle. Or nous savons (**79**) que les asymptotes sont parallèles aux rayons F′D, F′D′, la condition précédente revient donc à celle-ci : il faut que la droite OL soit comprise dans l'angle ROS′ des asymptotes.

On verrait, comme pour l'ellipse, que les points de contact M et M′ de deux tangentes parallèles sont symétriques par rapport au centre. (*V.* **45**, Probl. III.)

84. REMARQUE. — Ces constructions peuvent évidemment s'effectuer sans que l'hyperbole soit tracée.

85. TRACÉ DES NORMALES. — Voir l'Introduction (**13**).

Aire d'une partie d'hyperbole.

86. On ne peut évidemment se proposer de calculer l'aire *entière* de l'hyperbole, puisque cette courbe n'est pas fermée. Mais on peut se proposer de mesurer l'aire d'une portion de cette courbe; il n'est, pour y arriver, aucun moyen élémentaire qu'il soit possible d'indiquer ici, nous renverrons aux méthodes approximatives expliquées dans l'Introduction (**15-16**).

Génération d'un hyperboloïde. — Volume de l'hyperboloïde.

87. Si l'on fait tourner une hyperbole autour de l'un de ses axes, elle engendre une surface qui porte le nom d'*hyperboloïde*. Si l'axe de révolution est l'axe non-transverse, il est clair qu'on obtient une surface continue, une sorte de tuyau évasé aux deux bouts, c'est l'*hyperboloïde d'une nappe*. Au contraire, lorsque le mouvement a lieu autour de l'axe transverse, la surface se compose de deux calottes séparées dont les ouvertures sont tournées en sens opposés, c'est l'*hyperboloïde à deux nappes*.

88. On ne peut évaluer rigoureusement par des procédés élémentaires, le volume d'un hyperboloïde, il faut
avoir recours à une méthode approximative. La méthode
suivante peut s'appliquer à tous les solides de révolution.

Soit proposé d'évaluer le volume engendré par l'aire
curviligne MNQP (fig. 56); partageons cette aire en tra-

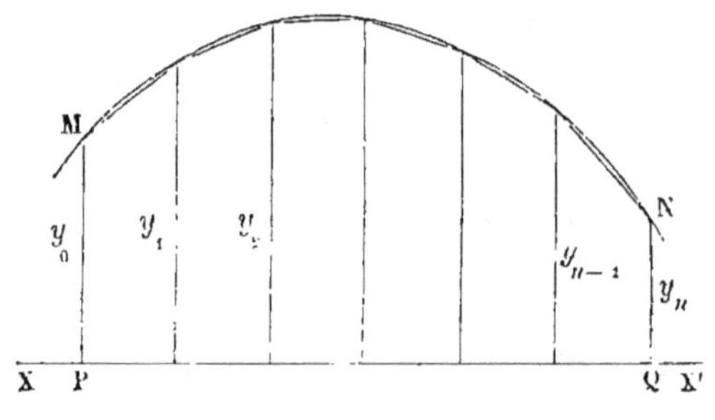

Fig. 56.

pèzes dont les hauteurs égales, soient très-petites, nous
pouvons les assimiler à des trapèzes rectilignes. Chacun
d'eux engendrera un tronc de cône qu'il est facile d'évaluer, et la somme de ces troncs de cône différera d'autant
moins du volume cherché, que la hauteur commune des
trapèzes sera plus petite.

Applications de l'hyperbole et des hyperboloïdes.

89. La plupart des applications de l'hyperbole sont
fondées sur la propriété des foyers (**72**).

Cheminées. — Pour qu'une cheminée soit bien construite, il faut qu'elle envoie, vers la pièce qu'elle est
destinée à chauffer, la plus grande quantité possible de
rayons calorifiques. Les parois du foyer, recevant un
certain nombre de ces rayons, en absorbent une partie
et réfléchissent le reste; il importe que ces rayons réfléchis soient dirigés vers l'appartement et non vers les
parois, qu'ils échaufferaient sans utilité. La forme qui

conviendrait le mieux pour remplir cet objet, serait un cylindre vertical, ayant pour base un arc d'hyperbole. Soit, en effet, F (fig. 57), le foyer de l'hyperbole et en même temps le point où se trouve le combustible, tous les rayons émanés de ce point et réfléchis sur les parois,

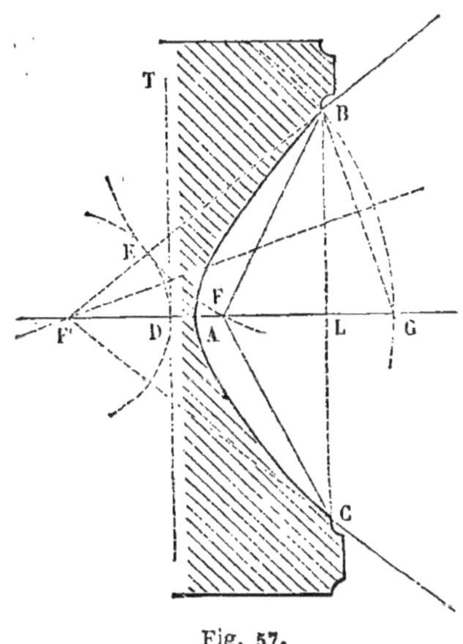

Fig. 57.

sont envoyés en avant avec les mêmes directions que s'ils étaient partis du foyer conjugué F', et ne rencontrent pas de nouveau ces parois. Il en résulte que les personnes placées entre les côtés prolongés de l'angle BF'C reçoivent la chaleur émise directement et la chaleur réfléchie sans qu'il se fasse d'autre déperdition que celle qui est due à l'absorption par les parois du foyer.

Quant au tracé de l'arc hyperbolique BAC, il n'offre aucune difficulté. On connaît la largeur BC et la profondeur LA que doit avoir la cheminée, c'est-à-dire que l'on connaît un point B et le sommet A de l'hyperbole, ainsi que la direction de l'axe transverse. La position du foyer F est aussi déterminée par la dimension des bûches ou par celle des supports destinée à recevoir le combustible. On a donc à *construire une hyperbole connaissant un foyer, un sommet et un point de la courbe.*

Supposons le problème résolu ; soit F', le second foyer. Si, du point B comme centre, avec BF pour rayon, je trace un arc de cercle, qui coupe en E le rayon vecteur F'B, il est évident que la droite F'E sera égale à 2*a*. Décrivons le cercle directeur dont F' est le centre, ce cercle est tangent au précédent du point E, et coupe l'axe transverse en un point D qui est connu, car on a évidemment

$$AD = AF.$$

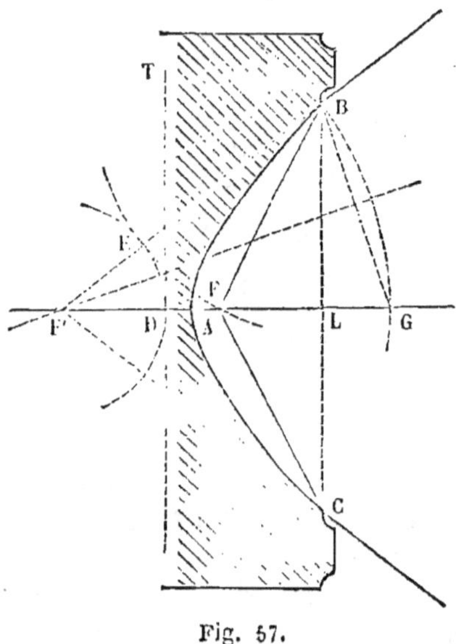

Fig. 57.

D'ailleurs, ce cercle est tangent à une droite qui serait menée par le point D, perpendiculairement à l'axe. Nous sommes donc ramenés à ce problème de géométrie : *construire un cercle tangent à une droite donnée en un point donné, et à un cercle connu.*

Rappelons ici la solution de ce problème. Décrivons du point F' comme centre, un cercle qui passe au point B. Il coupera la droite FA en un certain point G qui est connu, car il est évident que la distance DG est égale à la distance EB et, par conséquent, à BF. Le point F' est donc le centre d'une circonférence qui passe par deux points connus B et G, et de plus, ce point doit être sur la droite AF. Dès lors, il est facile d'achever le problème. On prendra sur la droite FA une distance AD égale à AF et une distance DG égale à BF; on joindra BG et, au milieu de cette droite, on élèvera une perpendiculaire que l'on prolongera jusqu'à son intersection avec la droite AF. Le point de rencontre sera le point cherché, F'.

On peut évidemment se dispenser de tracer les cercles qui se trouvent sur la figure 57 et qui n'y sont représentés qu'en vue de la démonstration.

Il est à remarquer que le problème de géométrie que nous venons de résoudre, admet deux solutions, car on pourrait prendre la distance DG de l'autre côté du point D, mais il ne sera jamais difficile de décider quelle est celle de ces solutions qui convient à la question.

MIROIRS HYPERBOLIQUES. — Si nous imaginons qu'une portion d'hyperboloïde à deux nappes soit polie à l'inté-

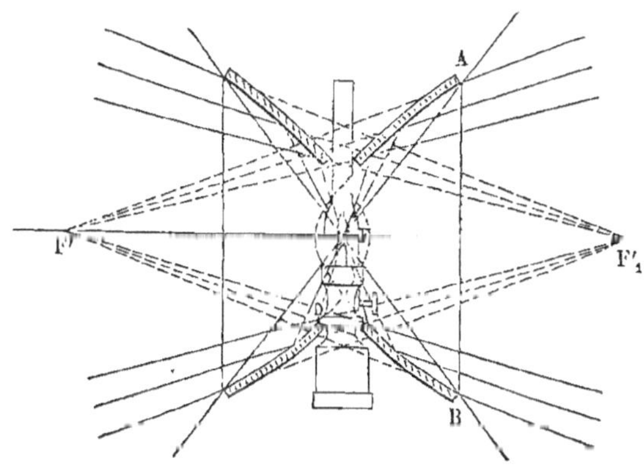

Fig. 58.

rieur, et que l'on place au foyer commun de tous les méridiens, une source de lumière, il est évident que tous les rayons réfléchis seront dirigés comme s'ils émanaient de l'autre foyer (**74**). Ils seront donc divergents. On voit par là qu'un réflecteur hyperbolique est très-convenable pour renvoyer la lumière sur une étendue un peu considérable ; si, par exemple, on veut éclairer un tableau de grande dimension au moyen d'une lampe placée en F (fig. 58), tous les rayons émis par la source lumineuse dans la direction opposée au tableau seront absolument perdus. On peut les utiliser en plaçant derrière la lampe un réflecteur hyperbolique dont la flamme occupera le foyer, le tableau recevra ainsi, non-seulement les rayons directs compris dans l'angle AFB, mais encore tous les rayons envoyés sur le réflecteur, et réfléchis dans l'intérieur de l'angle AFB. Les seuls rayons perdus seront ceux qui seront absorbés par le réflecteur.

Réverbères. — Ces réflecteurs seraient encore très-convenables pour l'éclairage des rues et des places. S'il s'agit d'envoyer la lumière d'un seul bec dans deux directions opposées, on supprimera la calotte hyperbolique comprise entre le sommet et un plan mené par le foyer, perpendiculairement à l'axe ; puis on placera contre cette ouverture un miroir exactement semblable au premier, mais tourné en sens inverse. La source lumineuse se trouvant ainsi placée au foyer commun des deux réflecteurs, le même effet se produira dans les deux sens.

On pourrait même envoyer la lumière dans quatre directions en combinant deux systèmes de miroirs semblables à celui que nous venons de décrire, et dont les axes auraient des directions rectangulaires.

L'hyperbole présente encore quelques autres applications, soit à l'architecture, soit aux effets de lumière et à la perspective ; nous nous en occuperons plus loin (V. Chap. iv).

Caissons. — Nous mentionnerons encore l'emploi que l'on peut faire de l'hyperbole et de l'ellipse combinées, dans la décoration des appartements. On veut, par exemple, dessiner sur un plafond elliptique, des *caissons*, c'est-à-dire diviser la surface de l'ellipse en compartiments quadrilatères destinés à servir de canevas à un motif d'ornementation. Les courbes les plus convenables à employer seront évidemment des ellipses et des hyperboles homofocales à celle qui limite le plafond; on obtiendra ainsi une suite de quadrilatères curvilignes, dont les angles seront droits (73), et qui fourniront la division la plus naturelle et la plus agréable à l'œil.

CHAPITRE III.

90. *La* PARABOLE *est une ligne plane dont tous les points sont également éloignés d'un point fixe appelé* FOYER, *et d'une droite fixe qu'on nomme* DIRECTRICE.

Il est évident que cette ligne se compose de branches infinies, car on comprend que les distances d'un point au foyer et à la directrice, peuvent croître autant que l'on veut, sans cesser d'être égales.

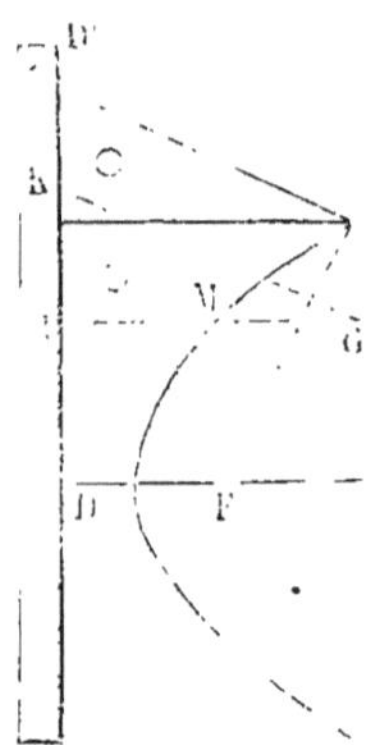

Fig. 59.

91. TRACÉS DE LA PARABOLE. 1° *Tracé continu.* — Nous déduirons de la définition, un procédé simple, pour tracer une portion de parabole d'un mouvement continu. Fixons une règle, le long de la directrice DD' (fig. 59), et plaçons contre cette règle, l'un des côtés d'une équerre. Enfin, prenons un fil égal en longueur au côté qui est perpendiculaire à la règle, et attachons une de ses extrémités au foyer et l'autre à l'extrémité de l'équerre. Si nous faisons glisser l'équerre le long de la règle, en maintenant le fil tendu au moyen d'un crayon qui s'appuie sans cesse sur le côté GH, il est clair que ce crayon décrira une portion de parabole. En effet, lorsque l'équerre passe de sa position primitive à la position GHK, le fil et le côté GH, qui étaient d'abord égaux, ont diminué d'une même quantité GM.

2° *Tracé par points.* — On construit la parabole avec plus de précision, en la traçant par points de la manière suivante. Soient F, le foyer, et DD′, la directrice (fig. 60); abaissons du foyer sur la directrice, une perpendiculaire FB, sur laquelle nous marquons un point quelconque P. Par ce point, menons une parallèle à DD′, et décrivons, du point F comme centre, avec DP pour rayon, une circonférence, qui coupe cette droite en un point M; ce point est évidemment un point de la parabole, car on a, par construction,

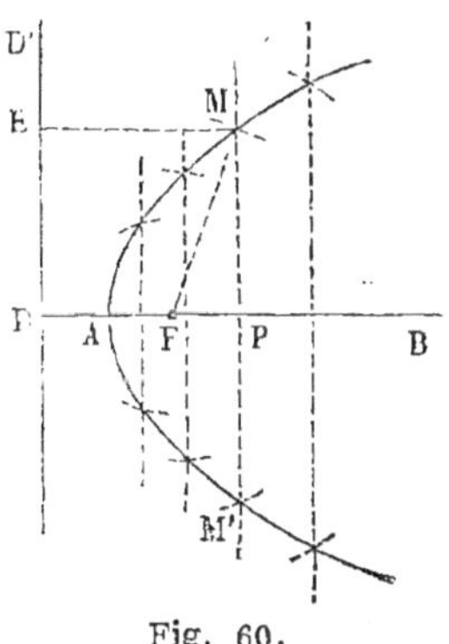
Fig. 60.

$$FM = DP = ME.$$

On obtiendra ainsi autant de points que l'on voudra. Comme un cercle coupe généralement une droite en deux points, la même construction fournira un second point M′.

Tant que le point P sera situé à droite du foyer, on aura nécessairement

$$FM = DP > FP,$$

et, par suite, la circonférence rencontrera la droite. Mais, si le point P es situé entre le foyer et la directrice, il faut évidemment, pour que la rencontre ait lieu que l'on ait

$$DP > \frac{DF}{2}.$$

Si donc nous marquons un point A, situé au milieu de

la distance DF, il faut que le point P soit situé plus loin de la directrice que le point A.

REMARQUE. —Il est évident que la parabole se compose d'une seule branche, située par rapport à la directrice, du même côté que le foyer.

Propriétés géométriques.

92. THÉORÈME I. *La parabole est une ligne courbe, convexe.*
Procédons comme pour l'ellipse et l'hyperbole ; *cherchons les points d'intersection d'une droite et d'une parabole données*, ou ce qui revient au même, proposons-nous le problème suivant : *trouver sur une droite, un point également distant d'une droite et d'un point donnés.*
Soient F, le foyer, IH, la directrice, et MM', la droite donnée (fig. 61) ; supposons que le problème soit résolu et que M soit le point cherché. On a alors :

$$FM = MH.$$

Si nous construisons un point F_1, symétrique du foyer par rapport à la droite MM', nous aurons aussi :

$$FM = MF_1,$$

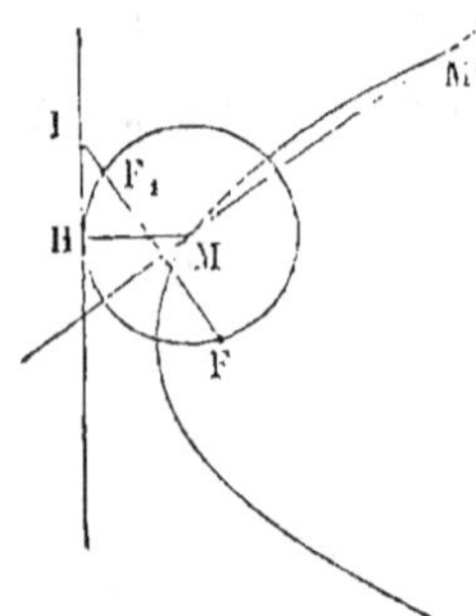
Fig. 61.

en sorte qu'une circonférence qui aurait pour centre le point M, et pour rayon, la distance FM, passerait aux trois points F, F_1, H, et serait, de plus, tangente à la directrice en ce dernier point. Ainsi la question est ramenée à ce problème connu ; *par deux points donnés F, F_1, faire passer une circonférence tangente à une droite donnée DD'.*
si, O IH est tangente, on a la relation :

$$IH^2 = IF \times IF_1;$$

on obtiendra donc le point H, en construisant une moyenne proportionnelle aux deux lignes IF, IF_1 et en portant la longueur trouvée sur la directrice, à partir du point I. Il ne restera plus qu'à élever au point H, une perpendiculaire à IH, jusqu'à la rencontre de MM'.

Comme on peut porter la longueur IH, dans les deux sens, à partir du point I, on obtiendra deux points M et M' qui répondent à la question. Toutefois, si le point F_1 se trouvait sur la directrice, on n'aurait plus qu'un seul point ; enfin il est évident que le problème serait impossible, si le point F_1 était placé du côté de la directrice, opposé au foyer.

Quoi qu'il en soit, il résulte de l'analyse précédente, que le problème admet *au plus* deux solutions et que, par conséquent, *une parabole ne peut être coupée par une droite en plus de deux points*.   C. Q. F. D.

95. AXE — SOMMET — THÉORÈME II. — *La perpendiculaire abaissée du foyer sur la directrice est un axe de la courbe.*

Nous avons déjà fait remarquer (**91**, 2°), qu'un seul arc de cercle donne deux points de la parabole ; or, lorsqu'une circonférence rencontre une droite, les deux points d'intersection sont symétriques l'un de l'autre par rapport à une perpendiculaire abaissée du centre sur cette droite.

Les points de la courbe sont donc deux à deux symétriques par rapport à la perpendiculaire abaissée du foyer sur la directrice.   C. Q. F. D.

COROLLAIRE. — *Le milieu de la distance du foyer à la directrice est le sommet de la parabole.*

Ce point étant un point de l'axe, il suffit de faire voir qu'il appartient à la courbe, ce qui est évident d'après la définition même de la parabole.

94. PARAMÈTRE. — *La parabole est* évidemment *déter-*

minée lorsque l'on connaît la distance du foyer à la directrice. Cette distance a reçu le nom de *paramètre.*

95. Théorème III. — *La parabole partage son plan en deux régions; dans l'une, la distance d'un point au foyer est plus grande que sa distance à la directrice; dans l'autre, elle est plus petite.*

Soit P (fig. 62), un point situé hors de la parabole; abaissons de ce point sur la directrice, une perpendicu-

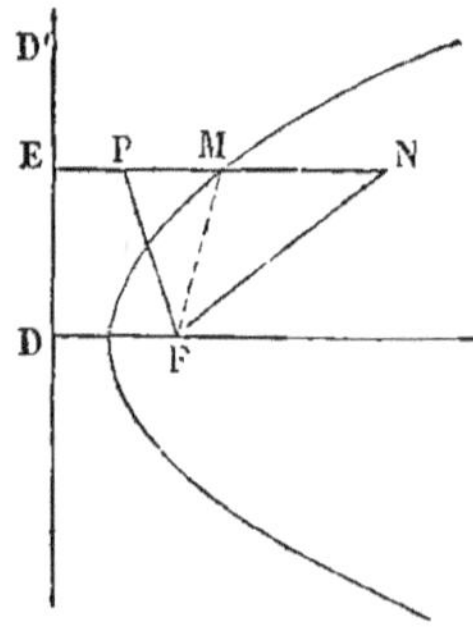

Fig. 62.

laire, qui ira rencontrer la courbe en un point M, et joignons FM, nous avons,

$$FP > FM - MP,$$

or, $\qquad FM = ME,$

donc, $\quad FP > ME - MP = EP.$

Si le point P était à gauche de la directrice, il est évident que l'on aurait aussi $FP > EP.$

Soit actuellement N, un point situé à l'intérieur, nous aurons, dans le triangle FMN,

$$FN < FM + MN,$$

ou bien $\qquad FN < EM + MN = EN.$

Ainsi, selon qu'un point se trouve hors de la parabole, sur la courbe ou dans son intérieur, la distance de ce point à la directrice est inférieure, égale ou supérieure à sa distance au foyer.

Tangente à la Parabole. — Normale

96. Théorème IV. — *La tangente à la parabole fait des angles égaux avec le rayon vecteur du point de contact, et une parallèle à l'axe, menée par ce même point.*

Soit MM' (fig. 63), une sécante, qui rencontre la parabole en deux points voisins l'un de l'autre. Traçons les rayons vecteurs de ces points et abaissons, sur la directrice, les perpendiculaires MP, M'P'; enfin, construisons le point H, symétrique du foyer par rapport à la sécante abaissons la perpendiculaire HR sur la directrice, et joignons MH, M'H et GF. On a évidemment :

$$MH = MF = MP,$$
$$M'H = M'F = M'P',$$
$$GH = GF.$$

Le point H est, d'ailleurs, nécessairement du même côté de la directrice que le foyer (92); on a, conséquemment,

$$GH < GR$$

ou bien $GF < GR$;

le point G est donc intérieur à la parabole, et, par conséquent, il est entre les points M et M'. Il en résulte que, lorsque les points M et M' se confondront en un seul, le point G coïncidera avec eux et deviendra le point de contact de la tangente.

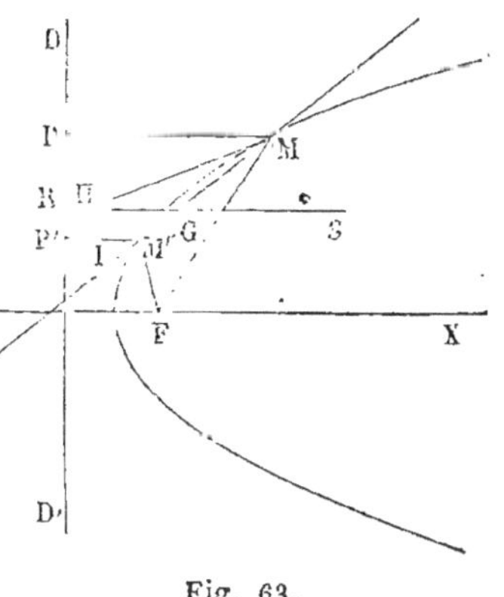

Fig. 63.

Cela posé, le triangle GHF est isocèle, et, par suite, la sécante MM', perpendiculaire à la base, est bissectrice de l'angle HGF. Donc les deux angles IGF, MGS sont égaux, puisque MGS — IGH comme opposés par le sommet. Or, ceci ayant lieu, quelle que soit la position de la sécante, sera encore vrai lorsque cette droite sera devenue tangente.   C. Q. F. D.

97. CoROLLAIRE I. — *Lu normale en un point de la parabole partage en deux parties égales l'angle formé par le rayon vecteur de ce point et une parallèle à l'axe.*

Soient TM (fig. 64), une tangente, et MN une normale à la parabole. D'après le théorème précédent, les angles

TMF, HMT sont égaux, il en est donc évidemment de même des angles FMN et CMN.

98. *Miroirs paraboliques.* — Si nous concevons que la parabole soit une lame étroite et polie, et qu'au point F (fig. 65) se trouve un foyer de lumière ou de chaleur, les rayons réfléchis à l'intérieur de la parabole seront ren-

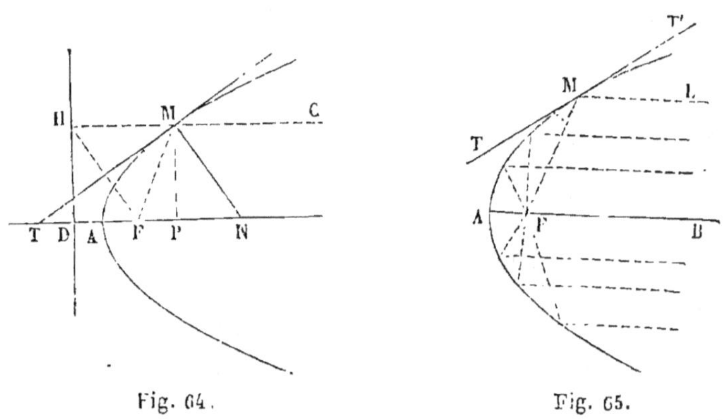

Fig. 64.   Fig. 65.

dus parallèles à l'axe; et réciproquement, si une source est située sur l'axe AB, à une distance assez grande pour que les rayons puissent être considérés comme parallèles, ces rayons iront, après leur réflexion, converger au foyer F.

De même, une bille élastique, lancée du foyer F dans une direction quelconque FM, rebondira sur la ligne ML, parallèle à l'axe; si, au contraire, elle tombe sur la courbe, parallèlement à l'axe, elle ira, après réflexion, passer par le foyer.

Dans le cas où la courbe, polie à l'extérieur, recevrait des rayons parallèles à l'axe, ces rayons se réfléchiraient en divergeant, comme s'ils émanaient du foyer; mais, alors, ce ne seraient plus les rayons eux-mêmes, mais leurs prolongements, qui iraient passer au foyer. On aurait là un foyer *virtuel*.

99. Corollaire II. — *Le point de contact d'une tangente,* *et le point où elle rencontre l'axe, sont à la même distance du foyer; il en est de même des points où la normale coupe la courbe et l'axe.*

1° En effet, l'angle HMT et l'angle FMT (fig. 64), sont égaux; mais les deux angles HMT et MTF sont aussi égaux comme alternes-internes, donc le triangle TFM est isocèle, et

$$FT = FM.$$

2° De même, le triangle TMN étant rectangle, on a aussi

$$FM = FN.$$

100. Sous-normale. — On appelle *sous-normale*, la projection sur l'axe, de la partie de la normale comprise entre la courbe et l'axe. Ainsi, la sous-normale est la longueur PN (fig. 64).

Corollaire III. — *Dans la parabole, la sous-normale est constante et égale au paramètre.*

Nous savons, en effet, que la droite FH (fig. 64) est perpendiculaire à la tangente, et, par suite, parallèle à la normale; la figure MHFN est donc un parallélogramme, et FH = MN. Conséquemment, les deux triangles rectangles HDF, MPN sont égaux comme ayant l'hypoténuse égale et un côté égal DH = MP; il en résulte que

$$PN = DF.$$

C. Q. F. D.

101. Sous-tangente. — On appelle *sous-tangente*, la projection sur l'axe de la partie de la tangente comprise entre l'axe et le point de contact.

Corollaire IV. — *La sous-tangente est partagée par le sommet de la parabole en deux parties égales.*

En effet, le point F (fig. 64) étant le milieu de la distance TN, et la longueur PN étant égale à DF, on a évidemment

$$DT = FP;$$

d'ailleurs$\qquad\qquad DA = AF,$

donc, en additionnant membre à membre,

$$AT = AP.$$

C. Q. F. D.

102. THÉORÈME V. — *Le lieu géométrique des projections du foyer sur les tangentes, est la tangente au sommet de la parabole.*

Abaissons du point M (fig. 66), une perpendiculaire MH

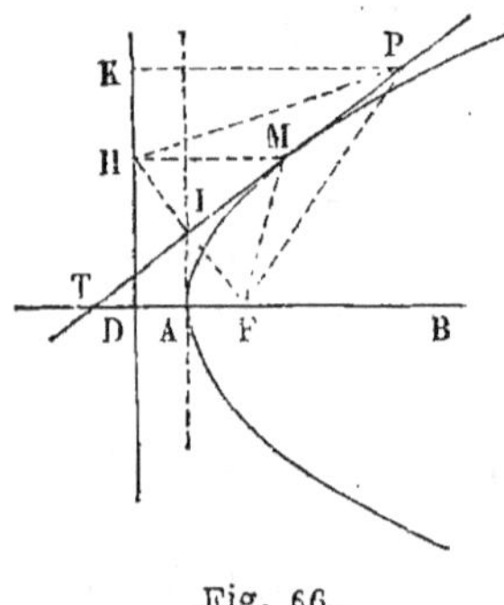

Fig. 66.

sur la directrice, et joignons FH; la tangente MT est perpendiculaire au milieu de cette ligne (**96**) ; en sorte que le point I est la projection du foyer. Si nous menons actuellement la droite AI, on voit que cette droite joint les milieux de deux côtés du triangle HDF; elle est donc parallèle au troisième DH, et, conséquemment, perpendiculaire à l'axe. Cette droite est donc la tangente au sommet (**9**), ce qui démontre le théorème énoncé.

REMARQUE. — On voit par là, que la directrice et la tangente au sommet d'une parabole, jouent, pour cette courbe, les mêmes rôles que le cercle directeur et le cercle principal pour l'ellipse et l'hyperbole.

103. THÉORÈME VI. — *Dans la parabole, les carrés des cordes perpendiculaires à l'axe sont proportionnels aux distances de ces cordes au sommet.*

Soit, en effet (fig. 67), MM' une corde perpendiculaire à l'axe; le point P est le milieu de cette corde (**93**). Or, le triangle TMN étant rectangle en M, la perpendiculaire MP est moyenne proportionnelle entre les deux segments de l'hypoténuse, nous avons donc :

$$\overline{MP}^2 = TP \times PN;$$

mais PN est égal au paramètre p (**100**); TP est le

double de AP (101), l'égalité précédente peut donc s'écrire :

$$\overline{MP}^2 = 2p \cdot AP;$$

d'où $\overline{MM'}^2 = 8p \cdot AP,$

et enfin, $\dfrac{\overline{MM'}^2}{AP} = 8p.$

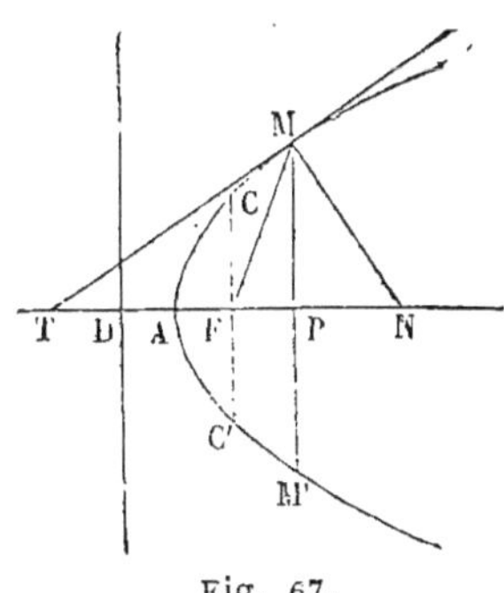

Fig. 67.

Donc, le rapport du carré de la corde à sa distance au sommet est constant.

C. Q. F. D.

COROLLAIRE. — *La corde menée par le foyer, perpendiculairement à l'axe, est égale au double du paramètre.*

En effet, si CC' est cette corde, nous avons, par le théorème précédent :

$$\dfrac{\overline{CC'}^2}{AF} = 8p;$$

mais $AF = \dfrac{1}{2} p,$

donc $\overline{CC'}^2 = 4p^2,$ ou $CC' = 2p.$

104. TRACÉ DES TANGENTES. — PROBLÈME I. — *Mener une tangente à la parabole, par un point donné sur la courbe.*

Soit M (fig. 68), le point donné, joignons MF et abaissons MH, perpendiculaire à la directrice; nous n'aurons plus qu'à construire la bissectrice de l'angle HMF.

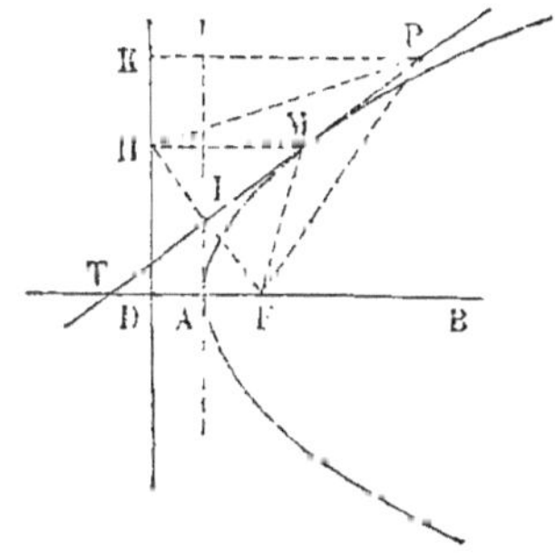

Fig. 68.

Plus simplement, nous tracerons une perpendiculaire à l'axe, par le sommet A, et nous joindrons FH. La tangente est la droite qui joint le point M au point I, où se rencontrent les deux lignes dont nous venons de parler. Nous évitons ainsi de partager un angle en deux parties égales; en outre, si nous avons à tracer plusieurs tangentes, la même droite AI servira pour toutes les constructions.

PROBLÈME II. — *Mener une tangente à la parabole par un point extérieur.*

Supposons le problème résolu et soient P, le point donné, PM, la tangente cherchée (fig. 69), qui touche la

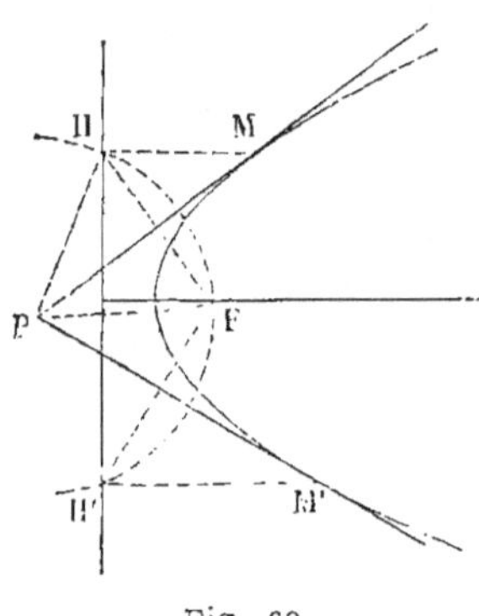

Fig. 69.

courbe au point M. Menons la perpendiculaire FH et joignons PF et PH : ces deux droites sont égales, en sorte que le point H se trouvera, en décrivant une circonférence, du point P comme centre avec PF pour rayon. Le point H une fois connu, on le joindra au point F et l'on n'aura plus qu'à abaisser du point P une perpendiculaire à FH, ou, ce qui revient au même, à joindre le point P au point où la droite FH coupe la tangente au sommet. Quant au point de contact, il est l'intersection de la tangente avec une perpendiculaire menée à la directrice, par le point H.

D'ailleurs, on aura un second point d'intersection H', de la circonférence avec la directrice, et par suite, une seconde tangente PM'.

Pour que le problème soit possible, il faut que la circonférence coupe la directrice, c'est-à-dire que le point P soit plus voisin de cette droite que du foyer; en d'autres termes, il faut que le point donné soit extérieur à la parabole (93).

PROBLÈME III. — *Construire une tangente à la parabole, parallèlement à une droite donnée.*

Soit KL la droite donnée (fig. 70); si du foyer F, nous

abaissons une perpendiculaire sur la tangente, elle sera
aussi perpendiculaire à KL, et, par conséquent, cette
ligne est connue. On connaît donc
aussi le point H où elle coupe la
directrice; d'ailleurs, la tangente
est perpendiculaire au milieu de
FH. On trouvera le point de contact comme précédemment, en menant par le point H, une parallèle
à l'axe.

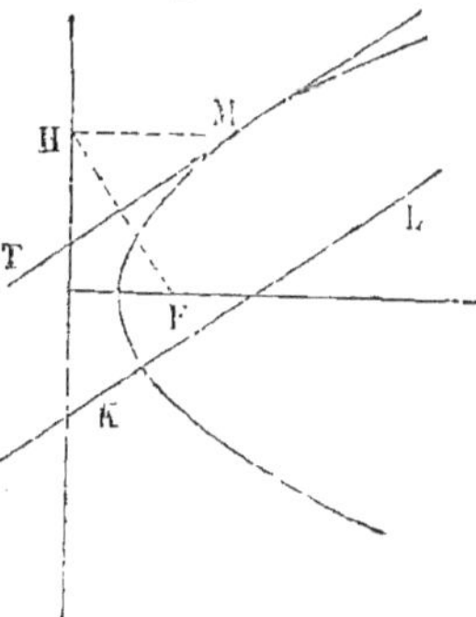

Fig. 70.

Le problème n'a évidemment
qu'une solution: Il est toujours possible, à moins que KL ne soit pa-
rallèle à l'axe, car alors la droite FH est parallèle à
la directrice et le point H s'éloigne indéfiniment.

105. REMARQUE. — Ces méthodes n'exigent pas que la
courbe soit construite. On peut donc s'en servir pour se
guider dans le tracé de la parabole.

106. TRACÉ DES NORMALES. — Nous nous bornerons à
renvoyer à ce qui a été dit dans l'Introduction (**15**). Toutefois, il est facile de résoudre le problème suivant :
tracer une normale à la parabole, par un point de l'axe.

Soit N le point donné (fig. 64), on portera sur l'axe, à
partir du point N et en se dirigeant vers le sommet, une
longueur NP égale au paramètre; par le point P, on élèvera une perpendiculaire PM qui passera par le point M
où la normale coupe la courbe. Il ne restera plus qu'à
joindre PM.

Comme la perpendiculaire MP rencontre la parabole
en un second point, on aura une seconde normale, symétrique de la première; enfin, l'axe lui-même étant nor-
mal à la courbe, on voit que l'on a trois normales, issues
du point N.

Si la courbe n'était pas tracée, on trouverait le point
M et le point symétrique, en décrivant un arc de cercle
du foyer comme centre, avec DP pour rayon.

Diamètres de la Parabole.

107. THÉORÈME VII. — *La parabole peut être considérée comme la limite d'une ellipse dont un foyer et le sommet voisin restent fixes, tandis que l'autre sommet s'éloigne indéfiniment.*

Considérons une ellipse (fig. 71), dont le sommet A et le foyer F restent fixes, tandis que le sommet A' et, par suite, le foyer F' et le centre, s'éloignent indéfiniment. A mesure que l'axe AA' augmente, la courbe s'allonge de plus en plus; en même temps, le cercle directeur décrit

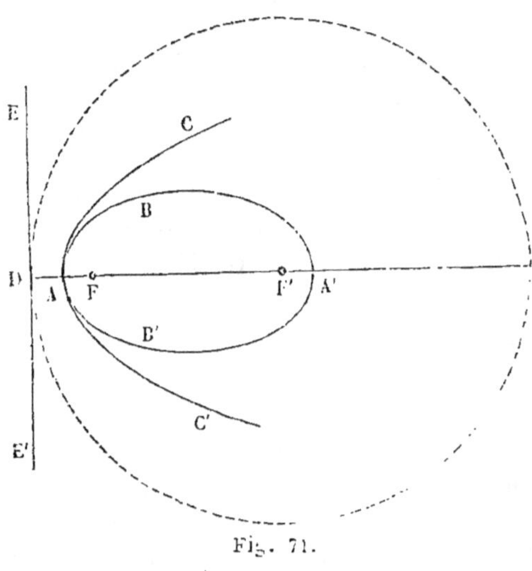

Fig. 71.

du point F' comme centre, présente une courbure de moins en moins prononcée et tend à se confondre avec la tangente au point D. A la limite, ce cercle sera devenu une ligne droite EE', perpendiculaire à l'axe; en même temps l'ellipse, lieu des points également distants du foyer F et du cercle directeur (**40**), sera devenue une courbe, lieu des points également distants du foyer F et de la droite EE', c'est-à-dire une parabole.

On verrait de la même manière, que la parabole peut être aussi considérée comme la limite d'une hyperbole, dont un foyer et le sommet voisin restent fixes, pendant que l'autre sommet s'éloigne indéfiniment.

La plupart des propriétés de la parabole, peuvent se déduire des propriétés analogues de l'ellipse, au moyen du théorème précédent. Nous n'appliquerons pas aux propriétés déjà connues, ce nouveau mode de démonstration qui ne présente, d'ailleurs, aucune difficulté; mais nous allons en faire usage pour établir quelques propriétés nouvelles.

108. Théorème VIII. — *Les diamètres de la parabole sont parallèles à l'axe.*

En effet, toute ligne droite qui passe par le centre d'une ellipse est un diamètre, et cela, quelle que soit la forme de l'ellipse (48). La même propriété aura donc lieu pour *l'ellipse-limite*, c'est-à-dire pour la parabole. Mais lorsque le centre s'éloigne à l'infini, les droites qui passent par ce point deviennent parallèles à l'axe.

On peut observer que, les diamètres de la parabole étant tous parallèles entre eux, il n'existe pas de diamètres conjugués.

109. Pour pouvoir tirer quelque utilité de la considération des diamètres, il est nécessaire de savoir résoudre d'abord quelques problèmes dont nous allons nous occuper.

Problème I. — *Construire le diamètre conjugué d'une direction donnée.*

Il suffit évidemment de tracer une corde parallèle à cette direction, d'en prendre le milieu, et de mener, par ce point, une parallèle à l'axe. Si la parabole n'était pas tracée, on déterminerait les extrémités de la corde au moyen de la construction indiquée plus haut (92).

110. Problème II. — *Construire la direction conjuguée d'un diamètre donné.*

Soit A'X', le diamètre donné (fig. 72) ; joignons A' à un point D quelconque de la courbe, et prolongeons cette droite d'une quantité A'C égale à elle-même; par le point C, menons une parallèle à l'axe, qui coupe la courbe en L, et joignons DL; la droite A'X' partage évidemment cette droite en deux parties égales; DL est donc la direction cherchée.

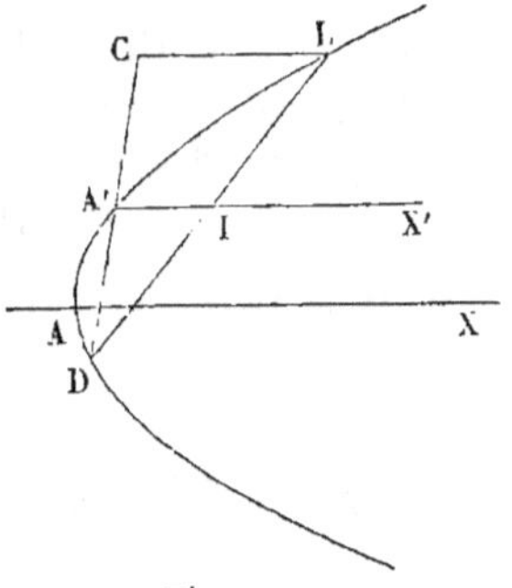

Fig. 72.

111. Comme la tangente est parallèle aux cordes conjuguées du diamètre qui passe par le point de contact, les solutions précédentes fournissent des procédés pour construire une tangente par un point donné sur la courbe, ou une tangente parallèle à une direction donnée; mais ces procédés ne sont pas préférables à ceux qui ont été indiqués plus haut. Toutefois, ils pourraient présenter quelque avantage lorsque l'on opère sur une parabole déjà tracée, dont on ne connaît ni le foyer, ni la directrice.

Si la direction même de l'axe était inconnue, il faudrait d'abord résoudre le problème suivant.

112. PROBLÈME III. — *Trouver l'axe et le foyer d'une parabole tracée.*

Menons deux cordes parallèles quelconques EG, KL (fig. 73), et joignons les milieux O, P, de ces droites; la ligne OP est parallèle à l'axe. Si donc nous traçons une corde GG', perpendiculaire à OP, et que, par son milieu, nous tirions AR, parallèle à OP, nous obtiendrons l'axe cherché.

Il reste à trouver le foyer. Pour y arriver, traçons la tangente au point A', laquelle est parallèle aux cordes EG, KL, et rappelons-nous que le triangle formé par l'axe, la tangente et le rayon vecteur du point de contact est isocèle (99); nous élèverons donc au milieu de A'T une perpendiculaire, dont l'intersection avec l'axe nous donnera le foyer F. Nous aurons un point de la directrice, en prenant sur cette perpendiculaire, une longueur IH,

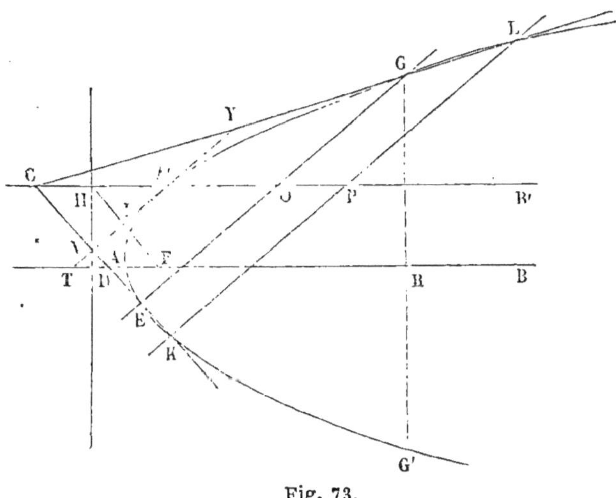

Fig. 73.

égale à IF. Il suffira d'abaisser du point H, une perpendiculaire à l'axe.

113. Nous savons (**10**) que *si les sécantes LG, KE devien nent des tangentes, elles ne cessent pas de se couper sur le diamètre A′B′, conjugué de GE.*

114. Actuellement, si nous menons la tangente au point A′, il est évident que cette tangente, parallèle aux cordes EG, KL, est partagée en deux parties égales par le diamètre Λ′B′, en sorte que l'on a

$$VA' = A'Y.$$

Mais cette égalité ayant lieu, quel que soit l'écartement des droites EG, KL, aura encore lieu à la limite, nous pouvons donc dire :

THÉORÈME IX. — *Étant données deux tangentes à une parabole et une troisième tangente, parallèle à la corde de con-*

7

tact des deux premières, la portion de cette tangente qui est comprise entre les deux autres, est partagée en deux parties égales par son point de contact.

115. Ce théorème n'est qu'un cas particulier du suivant, dont les applications sont nombreuses.

THÉORÈME X. — *Étant données trois tangentes quelconques à une parabole, chacune d'elles détermine sur les deux autres des segments inversement proportionnels.*

Soient MA, NA, BC (fig. 74), trois tangentes à une pa-

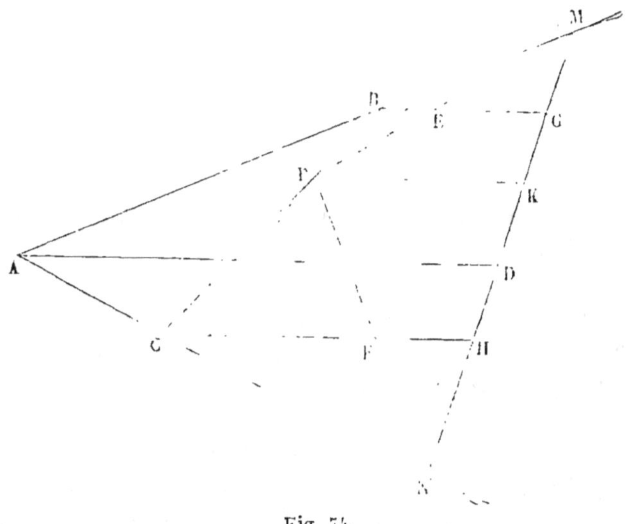

Fig. 74.

rabole, il s'agit de démontrer que l'on a la proportion

$$\frac{NC}{CA} = \frac{AB}{BM}.$$

Traçons les trois cordes de contact, et marquons-en les milieux D, E, F ; les droites AD, BE, CF sont parallèles à l'axe de la parabole (**113**), et, conséquemment, parallèles entre elles. Nous avons donc :

$$\frac{NC}{CA} = \frac{NH}{HD}, \qquad [1]$$

et

$$\frac{AB}{BM} = \frac{DG}{MG}. \qquad [2]$$

Mais on voit que

$$HD = ND - NH;$$

d'ailleurs le point D est le milieu de MN et, dans le triangle NPK, la droite FH, parallèle à PK, passe par le point F, milieu de PN, il en résulte que le point H est le milieu de NK. Donc

$$ND = MD, \qquad [3]$$

$$NH = HK,$$

et, par conséquent

$$HD = MD - HK,$$

ou bien

$$HD = MK + KD - (KD + HD) = MK - HD,$$

et enfin

$$2HD = MK.$$

D'un autre côté, dans le triangle MPK, la droite EG, parallèle à PK, passe par le milieu du côté PM et, conséquemment, le point G est le milieu de MK. On aura donc

$$MK = 2MG,$$

et, par suite : $\qquad HD = MG. \qquad [4]$

D'ailleurs : $\qquad NH = ND - HD,$

ou, en vertu des égalités [3] et [4],

$$NH = MD - MG = DG.$$

En conséquence, on a identiquement :

$$\frac{NH}{HD} = \frac{DG}{MG}.$$

Les proportions [1] et [2] ont donc un rapport commun, et, par suite, les deux autres rapports sont égaux, ce qui démontre le théorème énoncé.

On aurait de même

$$\frac{NA}{AC} = \frac{CB}{BP},$$

et

$$\frac{MA}{AB} = \frac{BC}{CP}.$$

116. Corollaire. — *Étant données plusieurs tangentes à une parabole, deux quelconques d'entre elles, sont partagées par toutes les autres en segments proportionnels.*

Soient AP, GH, IK, LM, etc., plusieurs tangentes à une parabole (fig. 75); si nous considérons les trois tangen-

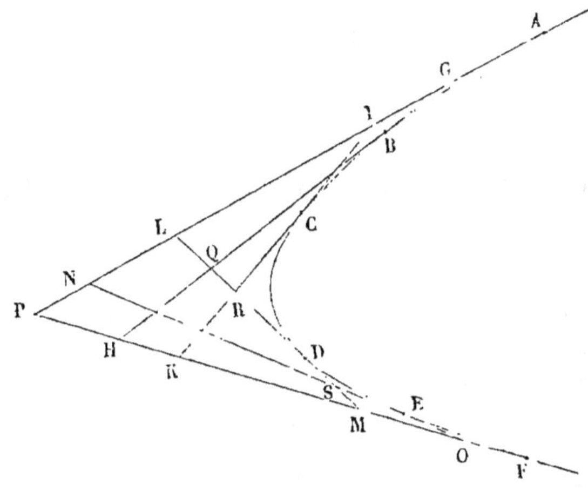

Fig. 75.

tes AP, PF, GH, nous avons, d'après le théorème précédent

$$\frac{AG}{GP} = \frac{PH}{HF},$$

d'où, en intervertissant l'ordre des moyens,

$$\frac{AG}{PH} = \frac{GP}{HF} = \frac{AP}{PF};$$

de même, la tangente IK nous donnera

$$\frac{AJ}{PK} = \frac{IP}{KF} = \frac{AP}{PF};$$

la tangente LM,
$$\frac{AL}{PM} = \frac{LP}{MF} = \frac{AP}{PF},$$

et la tangente NO,
$$\frac{AN}{PO} = \frac{NP}{OF} = \frac{AP}{PF},$$

Dans toutes ces égalités, il se trouve un rapport commun, tous les rapports sont donc égaux, et nous pouvons écrire :

$$\frac{AG}{PH} = \frac{AI}{PK} = \frac{AL}{PM} = \frac{AN}{PO} = \frac{AP}{PF}.$$

Mais, si nous retranchons des termes de chaque rapport, ceux du rapport précédent, nous formerons encore des rapports égaux, donc

$$\frac{AG}{PH} = \frac{IG}{KH} = \frac{LI}{KM} = \frac{NL}{MO} = \frac{NP}{OF}.$$

Le théorème se trouve ainsi démontré. On aurait de même, pour deux tangentes quelconques, AP et LM, par exemple,

$$\frac{AG}{LO} = \frac{IG}{OR} = \frac{IL}{RD} = \frac{LN}{DS} = \frac{NP}{SM},$$

et ainsi de suite.

On voit que *si l'une des tangentes est partagée en parties égales, toutes les autres le sont aussi.*

117. *Tracé d'un arc de parabole dont on connaît deux tangentes.* — Le corollaire précédent donne un moyen très-commode pour tracer un arc de parabole quand on connaît deux tangentes et leurs points de contact. Soient par exemple AP et PH (fig. 76), ces deux tangentes, dont

les points de contact sont A et H; divisons ces deux droites en un même nombre, arbitraire, de parties égales,
et joignons IK, LM, NO, QR, etc.; ces droites seront des

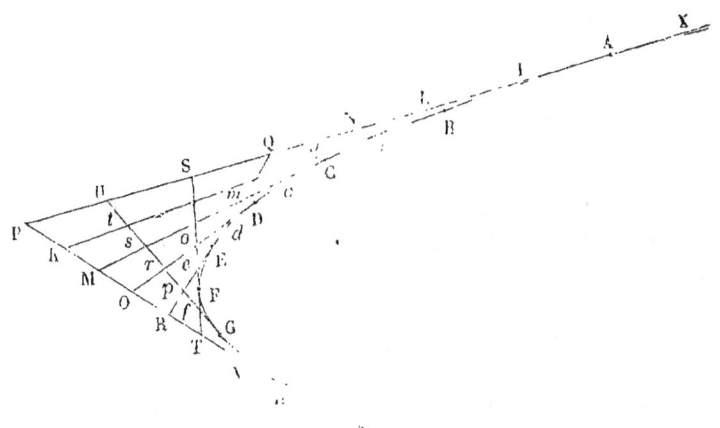

Fig. 76.

tangentes à la parabole cherchée ; et, si elles sont
assez nombreuses, elles suffiront pour que l'on puisse
tracer la courbe. On peut, du reste, donner encore plus
d'exactitude à ce procédé, en déterminant les points de
contact. Il résulte, en effet, du corollaire précédent,
que ces points se trouvent aux milieux des distances
comprises entre les points de concours de trois tangentes
consécutives. Ainsi le point B est au milieu de Ib, le
point C au milieu bc, etc. Plus simplement encore, on
peut remarquer que $bB = bn$, $bC = Lb$, $cD = nc$, etc.

Aire d'un segment parabolique.

118. La parabole est une des courbes dont on peut
évaluer le plus facilement la surface. Considérons un segment parabolique compris entre l'axe, le sommet, et une
ordonnée quelconque MP (fig. 77). Inscrivons dans l'arc
de parabole, une ligne brisée quelconque AM_2M_1M,

et abaissons les ordonnées MP, M_1P_1, M_2P_2; enfin menons des tangentes par les sommets M, M_1, etc. Si nous comparons le triangle TBT_1 au trapèze PMM_1P_1, il est facile de voir que la hauteur du premier est égale à la demi-somme des bases du second. En effet, nous menons par le point B, où se coupent les tangentes, une parallèle à l'axe, elle partage en deux parties égales la corde MM_1 (115),

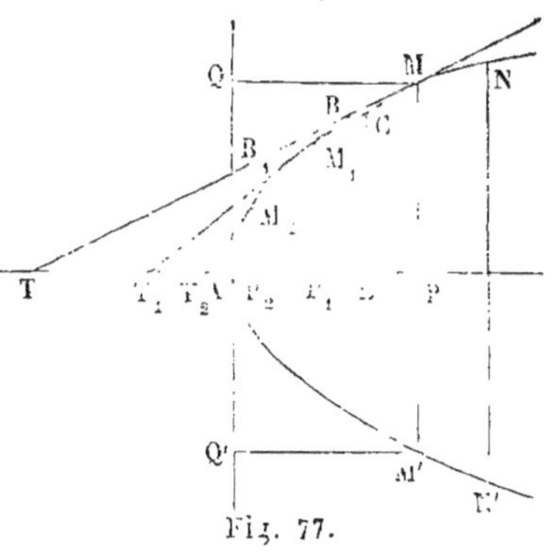

Fig. 77.

et par suite, la perpendiculaire CE qui est égale à la hauteur du triangle, est aussi la demi-somme des bases du trapèze. Or on a

$$\text{Triangle } TBT_1 = TT_1 \times \frac{CE}{2},$$

$$\text{Trapèze } PMM_1P_1 = PP_1 \times CE;$$

d'où
$$\frac{\text{Trapèze } PMM_1P_1}{\text{Triangle } TBT_1} = \frac{2PP_1}{TT_1}.$$

Mais on sait (101) que
$$AP = AT,$$
$$AP_1 = AT_1;$$

d'où
$$PP_1 = TT_1;$$

par suite,
$$\text{Trapèze } PMM_1P_1 = 2 \times \text{Triangle } TBT_1.$$

On prouverait de même que le trapèze suivant est le double du triangle correspondant, et ainsi de suite. Donc, la somme des trapèzes est le double de la somme des triangles. Si actuellement, nous multiplions indéfiniment le nombre des côtés de la ligne brisée, la somme des trapèzes a pour limite l'aire MAP ; la somme des triangles a pour limite l'aire TMA ; donc la première de ces surfaces est le double de la seconde, et, conséquemment, les deux tiers du triangle TMP, ou du rectangle AQMP, qui lui est équivalent.

Si nous prolongeons l'ordonnée MP jusqu'au point M', symétrique du point M, nous obtenons une aire qui est évidemment double de la précédente et qui est, par suite, égale aux deux tiers du rectangle QMM'Q'. Ainsi :

THÉORÈME XI. — *L'aire d'un segment parabolique compris entre le sommet et une corde perpendiculaire à l'axe, est équivalente aux deux tiers du rectangle qui aurait pour base cette corde, et pour hauteur, sa distance au sommet.*

Si l'on avait à évaluer une aire comprise entre deux cordes perpendiculaires à l'axe, telle que l'aire MNN'M', il suffirait de remarquer que cette aire est la différence des deux segments NAN', MAM', que l'on sait calculer.

Paraboloïde. — Volume.

119. Si l'on fait tourner une parabole autour de son axe, elle engendre une surface de révolution, qu'on appelle *un paraboloïde*. Il est facile d'en évaluer le volume.

Reportons-nous aux constructions qui ont été faites dans l'article précédent, et comparons les volumes engendrés par le triangle TBT_1 et par un rectangle qui aurait pour base CE et pour hauteur PP_1. Ces volumes ont pour expressions :

$$\frac{1}{3}\,\pi\overline{CE}^2 \times TT_1,$$

et

$$\pi \, . \, \overline{CE}^2 \times PP_1.$$

Le premier est donc le tiers du second. Il en sera de même des volumes analogues, correspondant aux autres côtés de la ligne brisée. Conséquemment, la somme des cylindres est le triple de la somme des volumes engendrés par les triangles.

Mais la somme des cylindres a pour limite le segment de paraboloïde ; la somme des volumes engendrés par les triangles a pour limite le volume engendré par l'aire TMA ; donc le premier de ces volumes est le triple du second et le segment de paraboloïde est les trois quarts du cône MTM'. Or ce cône a pour expression :

$$\frac{1}{3}\,\pi TP \times \overline{PM}^2 = \frac{2}{3}\,\pi AP \times \overline{PM}^2 ;$$

donc le segment de paraboloïde sera égal à

$$\frac{3}{4} \times \frac{2}{3}\,\pi AP \times \overline{PM}^2 = \frac{1}{2}\,\pi AP \times \overline{PM}^2.$$

Ainsi :

THÉORÈME XII. — *Le volume d'un segment de paraboloïde, compris entre le sommet et un plan perpendiculaire à l'axe, est la moitié du cylindre qui aurait la même base et la même hauteur.*

Pour évaluer le volume d'un segment compris entre deux plans perpendiculaires à l'axe, on procéderait comme pour la surface, en considérant ce volume comme la différence de deux segments comptés à partir du sommet.

Applications de la parabole et du paraboloïde.

120. Nous allons maintenant passer en revue quelques-unes des nombreuses applications de la parabole et du paraboloïde.

VOÛTES PARABOLIQUES. — La parabole à axe vertical est une des meilleures formes que l'on puisse adopter pour l'intrados d'une voûte destinée à supporter une charge considérable. Il faut toutefois se rappeler qu'elle présente un inconvénient assez grave, c'est de ne pas être tangente à la direction des pieds droits.

Les joints des voussoirs et l'extrados se déterminent comme pour les voûtes elliptiques.

MOUVEMENT DES PROJECTILES. — Lorsqu'un corps pesant est lancé dans une direction qui n'est pas verticale, il est animé de deux mouvements; celui qui est dû à l'impulsion qu'il a reçue, impulsion en vertu de laquelle il se déplacerait en ligne droite avec une vitesse constante; et celui que tend à lui imprimer la pesanteur, lequel est uniformément varié. La combinaison de ces deux mouvements lui fait décrire dans l'espace une parabole dont l'axe est vertical et qui est tangente à la direction de la vitesse initiale. Le sommet de cette parabole est situé au-dessus du plan horizontal qui passe par le point de départ, à une hauteur égale à celle que le mobile aurait atteinte s'il eût été lancé verticalement. Le paramètre de cette parabole dépend à la fois de la grandeur et de la direction de la vitesse initiale. La démonstration de ces principes sortirait du cadre de cet ouvrage; ajoutons seulement, qu'ils ne sont rigoureusement exacts que dans le vide, et que la résistance de l'air modifie un peu les conclusions précédentes.

PONTS SUSPENDUS. — Un pont suspendu est, comme on le sait, formé d'une suite de planches transversales, suspendues par des tringles de fer à deux chaînes qui s'étendent d'une pile à l'autre. Il faut que le tablier soit horizontal, et il importe, pour la stabilité de la construction, qu'il reste tel, quand bien même on viendrait à supprimer les liaisons qui unissent entre elles les planches transversales dont il est composé. Il est donc nécessaire que chaque tringle verticale supporte seulement le poids de la portion de tablier qui lui est attachée, sans éprouver aucune action de la part des portions voisines. Si on suppose le tablier partagé en portions égales, chaque chaînon vertical supporte le même poids; il en résulte que les diverses parties de la longue chaîne à laquelle se rattachent toutes les tringles sont chargées de poids proportionnels à leurs projections verticales.

Il est aisé de voir que, dans ces conditions, cette chaîne prend la figure d'un arc parabolique. Soit, en effet, BM (fig. 78) une portion de la chaîne, comptée de-

puis le point le plus bas, jusqu'à un point M quelconque.
Puisque cette chaîne est en équilibre, nous pouvons,
sans altérer les conditions du système, supposer que la
portion BM est solidifiée. Nous avons ainsi un corps solide, en équilibre sous l'action de trois forces, savoir :
la tension T_1 au point M, dirigée suivant la tangente, la
tension T, au point B et le poids total dont BM est

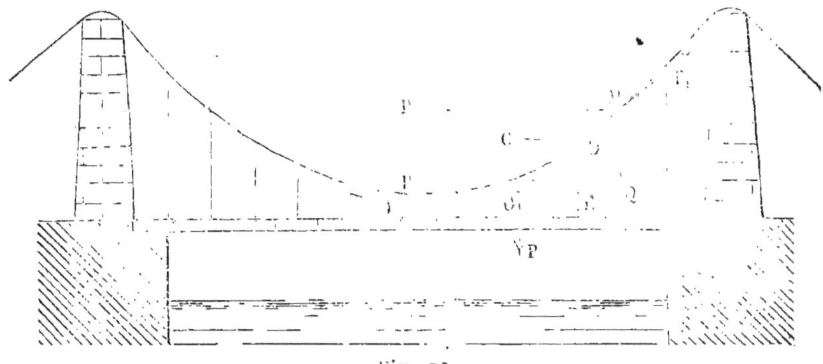

Fig. 78.

cnargé. Or, on sait que, pour que l'équilibre ait lieu, il
faut que les directions de ces trois forces passent par
un même point, et que l'une d'elles soit égale et opposée à la résultante des deux autres. Mais, comme le
poids est, par hypothèse, proportionnel à la projection horizontale, la résultante de tous les poids qui agissent sur BM passe par le milieu O de sa projection horizontale; c'est donc en ce point que doit passer la
tension T_1. Si nous construisons le rectangle OEDC,
dont les côtés OE, OC représentent en grandeurs et en
directions, des forces égales et opposées au poids P, et à
la tension T, la diagonale de ce parallélogramme devra
représenter, en grandeur et en direction, la force T_1.
Or les deux triangles OED, OQM sont semblables, on a
donc,

$$\frac{DE}{OE} = \frac{MQ}{OQ},$$

ou bien, en désignant par p, le poids qui charge une longueur de chaîne dont la projection horizontale est l'unité,

$$\frac{p \times \mathrm{BQ}}{\mathrm{T}} = \frac{\mathrm{MQ}}{\mathrm{OQ}},$$

ou encore

$$\frac{p \times \mathrm{MR}}{\mathrm{T}} = \frac{\mathrm{BR}}{\dfrac{\overline{\mathrm{MR}}}{2}},$$

ou enfin

$$p \times \overline{\mathrm{MR}}^2 = 2\mathrm{T} \times \mathrm{BR}.$$

D'où

$$\frac{\overline{\mathrm{MR}}^2}{\mathrm{BR}} = \frac{2\mathrm{T}}{p}.$$

C'est, comme nous l'avons vu (**105**), le caractère de la parabole.

MIROIRS PARABOLIQUES. — Concevons qu'un paraboloïde de révolution ait été poli à l'intérieur, et, qu'au foyer commun de tous les méridiens, on place une source de lumière ou de chaleur, tous les rayons réfléchis seront rendus parallèles à l'axe (98). Si actuellement on reçoit ce faisceau de rayons parallèles sur un second miroir, pareil au premier et dont l'axe coïncide avec le sien, ils seront réfléchis de nouveau et convergeront au foyer de ce second réflecteur. On aura donc en ce point, concentration de lumière ou de chaleur. Dans les cabinets de physique, on remplace, le plus souvent, les miroirs paraboliques par des miroirs sphériques, mais la concentration des rayons n'a plus rigoureusement lieu.

Les miroirs des télescopes, qui sont destinés à recevoir les rayons lumineux émanés de corps très-éloignés et à les faire rigoureusement converger en un point, doivent présenter exactement la figure d'un paraboloïde.

RÉFLECTEURS, PHARES. — Lorsqu'on s'éloigne d'une source de lumière, l'éclairement que l'on en reçoit va en diminuant très-rapidement, parce que les rayons lumineux divergent dans toutes les directions. Mais si l'on place le point lumineux au foyer d'un réflecteur parabolique, il n'y a plus de divergence, conséquemment plus de diminution dans l'intensité de la lumière, si ce n'est celle qui est due à l'absorption des milieux que les rayons ont à traverser. Ces réflecteurs sont donc les meilleurs que l'on puisse employer, lorsque l'on veut envoyer de la lumière à une grande distance. Aussi en fait-on usage pour éclairer des rues, des galeries longues et peu larges; on en munit encore les lanternes qui servent à faire les signaux de nuit sur les chemins de fer et en général, toutes les lumières qui doivent être vues de très-loin.

Tels sont *les phares*, placés sur les côtes, que les marins doivent apercevoir à de très-grandes distances en mer. Ces appareils se composent ordinairement de fortes lampes Carcel, à plusieurs mèches concentriques, munies de vastes réflecteurs paraboliques. Mais il ne suffit pas qu'un phare se voie de loin, il faut encore qu'il puisse être aperçu de tous les points; aussi donne-t-on ordinairement à l'appareil un mouvement de rotation, en sorte que le faisceau de rayons parallèles qu'il projette, parcourt successivement tous les points de l'horizon. Ce mouvement a encore une autre utilité, c'est que sa vitesse, variant d'un port à un autre, permet au navigateur de reconnaître dans quels parages il se trouve.

Dans la plupart des phares de construction récente, les réflecteurs ont été remplacés par des systèmes de lentilles qui produisent des effets semblables; mais les principes qui permettent d'expliquer le jeu de ces appareils sont d'un ordre tout différent. Aux lampes Carcel, on a substitué la lumière électrique. (Par exemple, aux phares du cap de la Hève, près du Havre.)

Cornet acoustique, Porte-voix. — *Le cornet* dont se servent les personnes atteintes de surdité est un paraboloïde très-allongé (fig. 79). Les vibrations sonores qui arrivent dans une direction à peu près parallèle à l'axe, se réfléchissent sur les parois et vont converger au foyer F; en ce point est l'ouverture contre la-

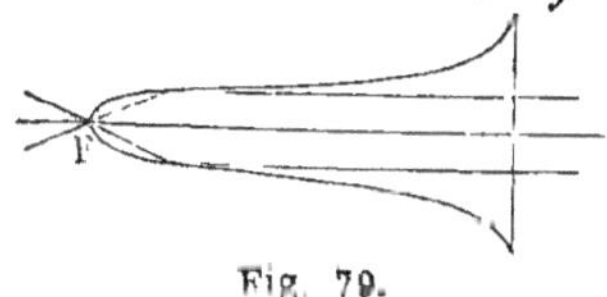

Fig. 79.

quelle on place l'oreille, en sorte que cet organe perçoit un mouvement vibratoire beaucoup plus intense que celui qu'il percevrait sans le secours de l'instrument.

Le *porte-voix* est, comme on le sait, un instrument destiné à envoyer au loin le son de la voix; on s'en sert notamment pour commander les manœuvres à bord des navires. Ce n'est, à proprement parler, qu'un cornet acoustique employé en sens inverse, c'est-à-dire que c'est un paraboloïde au foyer duquel on place la bouche, et qui réfléchit les vibrations parallèlement à son axe. Toutefois, pour que l'effet se produise d'une manière encore plus complète, on a coutume d'ajouter au paraboloïde, un ellipsoïde (fig. 80), qui a avec lui un foyer commun. C'est alors au second foyer de l'ellipsoïde que se trouve

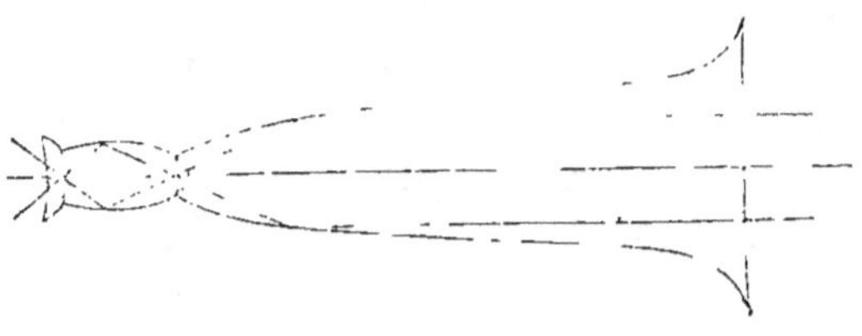

Fig. 80.

l'ouverture où l'on met la bouche. De cette façon, toutes les vibrations sonores, réfléchies dans l'ellipsoïde, vont passer par le foyer du cornet parabolique, pour se réfléchir une seconde fois parallèlement à l'axe.

RACCORDEMENT DES ROUTES ET DES CANAUX. — La parabole est une courbe éminemment propre au raccordement des routes et des canaux*; d'abord parce qu'elle n'exige pas, comme le cercle, que les deux points aux-

---

* Lorsqu'une route doit changer de direction, on conçoit que ce changement ne doit pas se faire brusquement; on a soin de lier les deux directions rectilignes par une courbe tangente à chacune d'elles, c'est ce que l'on appelle *raccorder* ces deux directions.

La même chose a lieu pour un canal, et elle est, dans ce cas, plus nécessaire encore. Un changement brusque de direction causerait des remous qui ne tarderaient pas à endommager les parois du canal.

quels se termine la courbe, soient à la même distance du point de concours des tangentes; en second lieu, parce qu'on peut la tracer au moyen de simples alignements.

Soient XA et YH (fig. 81) les deux droites qu'il s'agit de

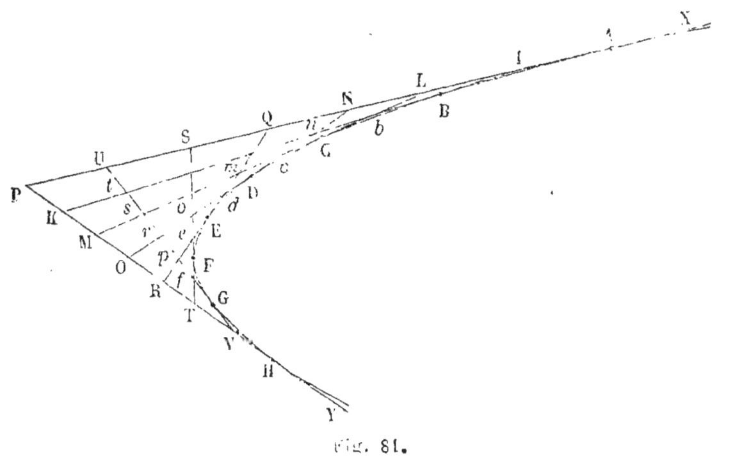

Fig. 81.

raccorder; nous avons à construire un arc de parabole tangent à ces deux droites, aux points A et H. Nous avons résolu ce problème (**117**) et l'on sait qu'il n'exige que le tracé de lignes droites. La méthode que nous avons suivie permet d'obtenir autant de tangentes que l'on veut, ainsi que leurs points de contact, en se bornant à jalonner divers alignements, et à déterminer leur intersections mutuelles. Encore n'est-il pas nécessaire de les déterminer toutes, il suffit évidemment de connaître les points b, n, c, m, d, o, e, p, f.

Mais la solution que nous venons de rappeler nécessite la division d'une droite en parties égales; les propriétés de la parabole nous fournissent encore le moyen de résoudre cette question.

Division des droites sur le terrain. — Nous avons vu (**116**) que, lorsqu'on mène plusieurs tangentes à une parabole, si l'une d'elles se trouve divisée par les autres en parties égales, il en est de même de toutes les autres.

Cela posé, supposons que l'on veuille partager une droite VP (fig. 81), en six parties égales. Nous jalonnerons un alignement quelconque VU, sur lequel nous porterons *sept* longueurs arbitraires, égales entre elles. Nous arrivons ainsi en U et nous jalonnons l'alignement PU. Sur cette droite, portons, à partir de P, six longueurs égales à PU et joignons par des alignements les points I et *t*, L et *s*, N et *r*, Q et *p*, S et *f*. Ces droites, et les lignes IP, VP peuvent être considérées comme tangentes à une même parabole, il en résulte que les longueurs PK, KM, MO, ...TV, sont égales entre elles.

CHAPITRE IV.

121. Il est impossible d'étudier les trois courbes que nous venons de passer en revue, sans être frappé des nombreuses analogies qu'elles présentent entre elles. Ces courbes ont, en effet une commune origine, ainsi que nous allons le démontrer.

Théorème. — *La section d'un cône circulaire droit par un plan, est une ellipse, une hyperbole ou une parabole suivant que le plan sécant rencontre toutes les génératrices du cône du même côté du sommet, ou qu'il les rencontre de côtés différents, ou qu'il est parallèle à l'une d'elles.*

122. 1er *Cas.* — Supposons d'abord que le plan coupe toutes les génératrices du même côté du sommet. Soient SO fig. 82, p. 114), l'axe du cône; SA, SA', l'intersection de ce cône et du plan de la figure; enfin AA', l'intersection de ce dernier avec le plan sécant, que nous lui supposerons perpendiculaire. Construisons le cercle inscrit et le cercle ex-inscrit au triangle SAA' et imaginons que l'on fasse tourner toute la figure (à l'exception de la ligne AA'), autour de l'axe SO'. La droite SA engendrera le cône, et les cercles donneront naissance à deux sphères, tangentes à ce cône suivant les cercles GH, G'H', et tangentes au plan sécant, aux points F, F'.

Cela posé, soit M un point quelconque de la courbe d'in-

8

tersection; joignons-le au sommet S et aux points F et F′. Les deux droites ML, MF sont égales comme tangentes menées d'un point M à la sphère O; de même, les droites ML′, MF′, tangentes à la sphère O′ sont égales entre elles, on a donc

$$MF + MF' = ML + ML' = LL'.$$

Or LL′ est une génératrice du tronc de cône compris entre les deux plans GLH, G′L′H′, perpendiculaires à l'axe; cette droite a donc une longueur constante, et par suite, *la courbe est une ellipse dont les points F et F′ sont les foyers.*

Cette ellipse devient un cercle, si le plan sécant est perpendiculaire à SO′.

125. 2e *Cas.* — Supposons que le plan sécant rencontre encore toutes les génératrices du cône, mais les unes

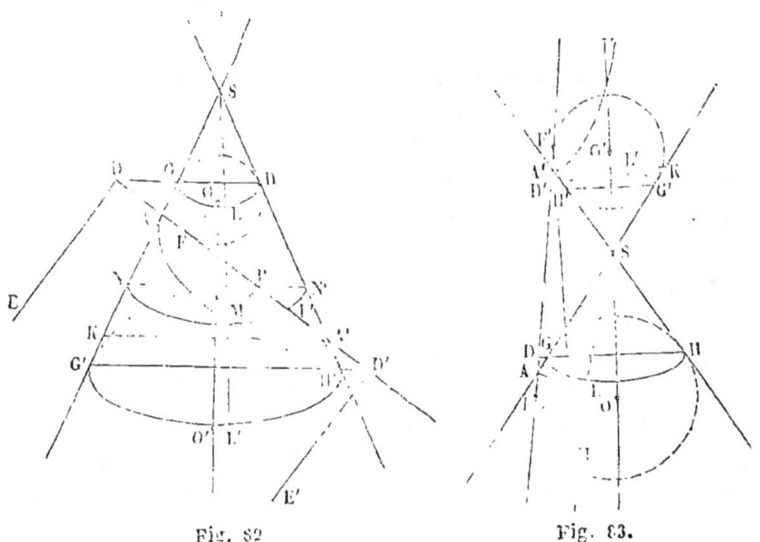

Fig. 82   Fig. 83.

d'un côté du sommet, les autres, de l'autre. Nous admettons, comme dans le cas précédent, que le plan de la figure est perpendiculaire au plan sécant, et nous conservons les mêmes lettres pour désigner les mêmes objets.

Au lieu de tracer le cercle inscrit et un cercle ex-inscrit au triangle SAA' (fig. 83), nous considérons deux cercles ex-inscrits. Ces cercles engendrent deux sphères tangentes au cône, le long des circonférences GLH, G'L'H', et au plan sécant, aux points F et F'. Si actuellement M est un point de la courbe d'intersection, les droites MF et ML sont égales comme tangentes à la sphère O; il est en est de même des droites MF' ML', tangentes à la sphère O'. On a donc

$$MF' - MF = ML' - ML = LL'.$$

Mais la droite LL', qui est une portion de la génératrice du cône, comprise entre deux plans perpendiculaires à l'axe, est constante, donc *la courbe est une hyperbole dont les points F et F' sont les foyers.*

124. *3e Cas.* — Enfin, si le plan sécant est parallèle à une génératrice, soient GSH (fig. 84), l'intersection du cône par le plan de la figure, et AA', celle de ce dernier plan, par le plan sécant qui lui est perpendiculaire; décrivons une circonférence tangente aux trois droites SG, SH et AA'. Cette circonférence engendrera une sphère tangente au plan sécant au point F, et au cône, le long du cercle GLH. Soit enfin DE, l'intersection du plan GLH et du plan sécant, intersection qui est perpendiculaire au plan de la figure, et, par suite à la droite AA'.

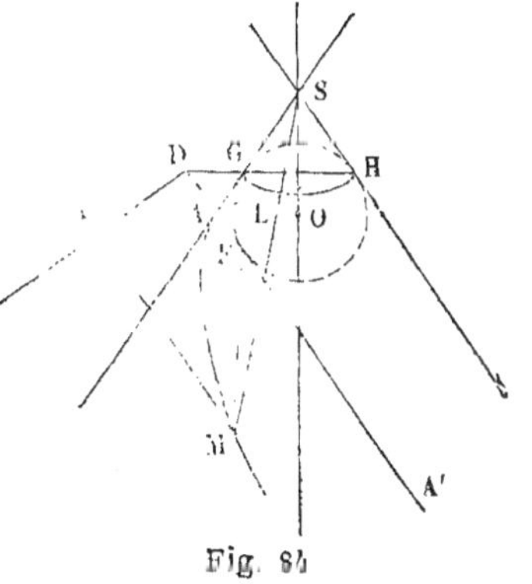

Fig. 84

Cela posé, si M est un point de la courbe inconnue, joignons MF et MS, et abaissons ME perpendiculaire sur la ligne DE. Nous avons, comme précédemment

$$MF = ML.$$

Remarquons actuellement que les trois points H, L, E,

sont dans le plan HLG, puisque la droite DE appartient à ce plan; ils se trouvent, d'ailleurs, aussi dans le plan des deux droites SH et SM. En effet, la droite ME est parallèle à AA' et, par conséquent à SH, les trois droites SH, SM, ME sont donc dans un même plan. Il en résulte que les points H, L et E sont en ligne droite et que les triangles SHL, MEL sont semblables; comme SH est égal à SL, il s'ensuit que ME est égal à ML; donc

$$MF = ME,$$

et *la courbe est une parabole qui a pour foyer le point* F *et pour directrice la droite* DE.   C. Q. F. D.

125. Ce théorème justifie le nom de *sections coniques*, par lequel on désigne ordinairement ces trois courbes.

126. L'ellipse peut encore être considérée d'une autre manière :

CorollAIRE. — *Si l'on coupe un cylindre circulaire droit, par un plan oblique à l'axe, la section est une ellipse.*

On pourrait le démontrer directement par des considérations tout à fait semblables aux précédentes; mais nous abrégerons en faisant simplement remarquer que si, dans la figure 82, on suppose que, la sphère O' restant fixe, le sommet du cône s'éloigne de plus en plus, on aura un cône de plus en plus allongé; mais le théorème subsistera, et la section sera toujours une ellipse; il en sera évidemment de même à la limite, lorsque, le sommet s'éloignant indéfiniment, le cône deviendra un cylindre.

Cette nouvelle manière d'envisager les trois courbes, nous donnerait le moyen, soit de découvrir de nouvelles propriétés, soit de démontrer d'une autre manière, les propriétés déjà connues. Nous n'insisterons pas davantage sur ce sujet; ce que nous venons de dire nous suffit pour expliquer les diverses applications qu'il nous reste à mentionner encore.

Applications.

127. VOÛTES. — Toutes les fois qu'un berceau cylindrique est rencontré par un plan oblique à son axe, l'intersection est une demi-ellipse. C'est ce qui arrive, par exemple, lorsqu'une descente biaise de cave est voûtée en plein cintre, c'est-à-dire lorsque le berceau qui la surmonte, est un cylindre circulaire droit.

TROMPES SUR LE COIN. — On appelle *trompe sur le coin*, une voûte destinée à soutenir l'angle saillant d'un édifice, dont la partie inférieure a été enlevée de façon à former un angle rentrant. On en voit un exemple dans la voûte qui soutient la tourelle carrée de la figure 85. La trompe est ordinairement conique, les plans des murs qu'elle soutient coupent cette surface suivant des arcs d'ellipse, d'hyperbole ou de parabole. Soit

Fig. 85.

BAC, l'angle rentrant; le sommet du cône est en A et l'axe est la bissectrice de l'angle rentrant; l'arc DB sera donc un arc d'ellipse si le plan de cet arc fait avec l'axe du cône, un angle plus grand que la moitié de BAC; si l'angle est plus petit, ce sera un arc d'hyperbole; s'il est égal à la moitié de BAC comme cela a lieu dans la figure, ce sera un arc de parabole. On en dira autant de l'arc DC.

Toit d'une tour ronde. — Si une tour ronde est couverte par un toit plan, incliné, la section supérieure du cylindre sera une ellipse. Cette section se composera de deux demi-ellipses, si la tour est couverte d'un toit formé de deux plans inclinés dont la ligne de faîte soit perpendiculaire à l'axe du cylindre.

Tuyaux. — Lorsqu'un tuyau cylindrique, tel qu'un tuyau de poêle, par exemple, pénètre obliquement dans un mur plan, l'ouverture qu'il faut pratiquer dans ce mur a la forme elliptique. La même forme est aussi celle de la courbe d'intersection de deux tuyaux égaux qui se coupent sous un certain angle; on démontre, en effet, en géométrie, que, lorsque deux cylindres égaux se rencontrent de façon que leurs axes soient dans un même plan, la courbe d'intersection est plane.

Effets d'ombre et de lumière. — L'ombre d'un corps opaque de forme circulaire, d'une sphère par exemple, sur un plan, est aussi une section conique. Soit, une sphère opaque, éclairée par un point lumineux S (fig. 86); considérons le grand cercle de cette sphère, déterminé par un plan qui contient la source lumineuse. Si, par le le point S, nous menons des tangentes SA, SB, à ce grand cercle, et que nous fassions tourner toute la figure autour de la droite SC, ces tangentes engendreront un cône circulaire droit, circonscrit à la sphère. Or il est clair qu'un point, placé dans l'intérieur de ce cône, dans la région opposée au point lumineux S, sera entièrement privé de lumière; tandis qu'un point quelconque, extérieur au cône, sera éclairé comme si la sphère opaque n'existait pas. Si l'on coupe ce cône d'ombre par un plan, la courbe d'intersection formera sur cet écran, la séparation de

l'ombre et de la lumière. Or, si ce plan est perpendiculaire à l'axe SC du cône, cette courbe sera une circonférence ; ce sera une ellipse, si le plan, oblique à l'axe, fait

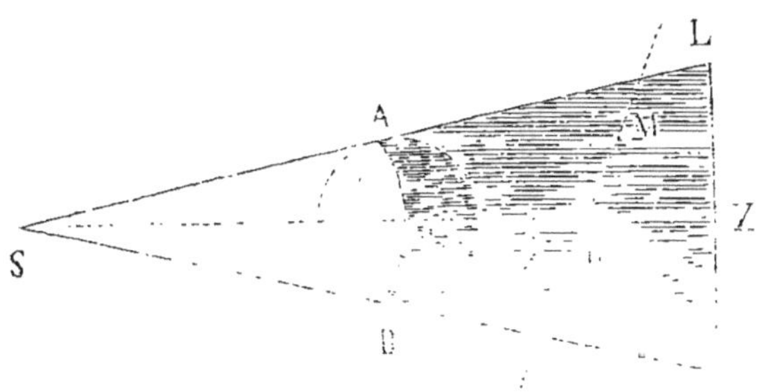

Fig. 86.

avec lui un angle aigu MOX, supérieur à l'angle ASC ; enfin ce sera une hyperbole ou une parabole, selon que
l'angle MOX sera inférieur ou égal à l'angle ASC.

Un phénomène analogue se produit en sens inverse,
lorsqu'un faisceau conique de rayons lumineux rencontre un plan. Si, par exemple, une lampe est renfermée
dans une lanterne percée d'une ouverture circulaire, les
rayons qui s'en échappent sont tous contenus dans l'intérieur d'un cône, qui a pour sommet le point lumineux,
et pour base, l'ouverture de la lanterne. Lorsqu'on reçoit ce faisceau sur un plan, la ligne qui sépare l'ombre
de la lumière est un cercle, une ellipse, une hyperbole
ou une parabole, selon que le plan est plus ou moins incliné sur l'axe du cône.

PERSPECTIVE. — On sait qu'on appelle *perspective* d'une
figure sur un plan, l'intersection de ce plan (qu'on nomme
plan du tableau), par un cône qui a cette figure pour base
et dont le sommet est dans l'œil de l'observateur. Il résulte des principes précédents, que la perspective d'un
cercle ne sera un cercle qu'autant que son plan sera *géo-
métral*, c'est à-dire parallèle au tableau ; dans tout autre
cas, cette perspective sera une ellipse, une hyperbole ou
une parabole.

ORBITES DES PLANÈTES. — Enfin, dans l'étude des phénomènes astronomiques, nous retrouvons encore les sections coniques. Les planètes décrivent des orbes elliptiques dont le soleil occupe un des foyers. Il en est de même des comètes, avec cette différence que les ellipses cométaires ont une excentricité très-grande et présentent, par conséquent, une forme beaucoup plus allongée que celle des orbites planétaires, lesquelles diffèrent peu des cercles. Pour quelques comètes certains astronomes pensent que les orbites sont des paraboles, peut-être même des hyperboles, en sorte que ces astres, après avoir passé au voisinage du soleil, disparaîtraient pour ne jamais revenir. On comprendra facilement que, malgré la précision des observations astronomiques, il puisse rester quelque incertitude à cet égard, si l'on se rappelle que les comètes ne sont visibles pour nous que lorsqu'elles sont rapprochées du soleil, c'est-à-dire pendant une très-petite partie de leur cours, et, qu'au voisinage de son sommet, la parabole diffère très-peu d'une ellipse extrêmement allongée, ou d'une hyperbole dont le second foyer serait à une grande distance.

Les exemples précédents suffisent pour donner une idée de l'importance des sections coniques et de leurs nombreuses applications, et pour justifier les développements que nous avons cru devoir donner à ce sujet.

CHAPITRE V.

ANSE DE PANIER. — Application aux arches de pont.

128. La courbe qu'on appelle *anse de panier*, qui est d'un usage très-fréquent en architecture, n'est pas, à proprement parler, une courbe particulière, c'est un composé d'arcs de cercle raccordés les uns aux autres, au moyen desquels on imite à peu près une ellipse.

Voici l'un des tracés les plus usités ; il donne pour résultat, la moitié de la courbe que l'on appelle *ovale*. Partageons la droite AA' en trois parties égales AD, DD', D'A' (fig. 87) ; au point O, milieu de cette droite, élevons une perpendiculaire, et du point D comme centre, avec DA pour rayon, traçons un arc qui coupe cette perpendiculaire au point C ; enfin, joignons CD et CD'.

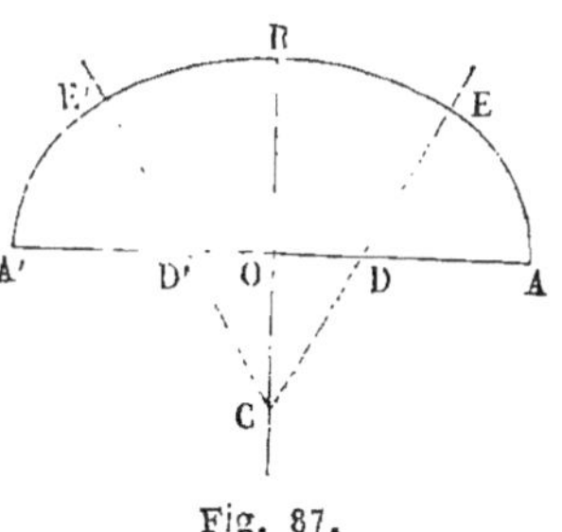

Fig. 87.

Cela fait, décrivons des arcs de cercle, des points D, D' et C comme centres, avec DA, D'A' et CE pour rayons ; ces arcs seront évidemment tangents aux points E et E' et leur ensemble formera une courbe surbaissée qui différera assez peu d'une ellipse dont les demi-axes seraient OA et OB.

On peut, du reste, faire varier arbitrairement le rapport des longueurs AD et OD, de façon à construire sur des arcs donnés, des anses de panier très-différentes, qui remplissent telle ou telle condition. Dans la construction des *arches de pont*, par exemple, on connaît d'avance la largeur de l'arche et sa hauteur sous la clef, c'est-à-dire les deux axes de la courbe; il est, en outre, important que l'arche livre un passage très-facile et, conséquemment, qu'elle soit le plus élevée possible, dans le voisinage des pieds-droits. On choisira donc le rapport des distances OD, OA, de façon que cette condition soit remplie.

129. Le problème que l'on a à résoudre pour la construction d'une anse de panier ne présente aucune dificulté.

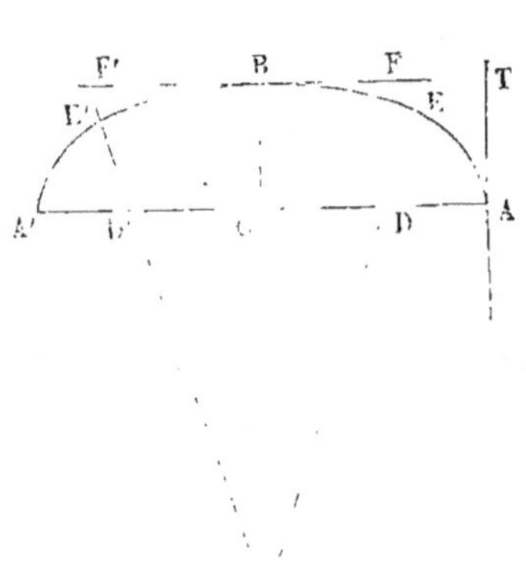

Fig. 88.

Soient AA' la largeur donnée (fig. 88), et OB, la hauteur de la voûte. Nous prendrons arbitrairement le rayon AD, en nous dirigeant dans le choix de cette longueur, d'après la destination de la voûte. L'arc AE étant tracé, nous aurons à construire un arc EE' tangent au précédent, et qui touche en même temps la droite FF' au point B. Nous avons déjà résolu ce problème (V. 89 — *Cheminées*).

La question serait tout à fait la même, si l'on voulait prendre arbitrairement le rayon BC. On aurait alors à tracer une circonférence tangente à l'arc EE', et qui touche la droite AT au point A.

CHAPITRE VI.

Spirale d'Archimède. — Application aux ventilateurs, aux montres, aux volutes.

130. On appelle, en général, spirales, des courbes engendrées par un point qui tourne indéfiniment autour d'un point fixe, nommé *pôle*, dont il s'éloigne de plus en plus. Ces courbes se composent d'une infinité de tours ou *spires*, qui entourent le pôle. On peut se rendre aisément compte de la génération de ces courbes en imaginant que le point décrivant se meut sur une droite, tandis que celle-ci tourne autour du pôle. La plus simple de toutes est celle qui porte le nom d'Archimède. On peut la définir de la manière suivante :

131. La spirale d'archimède *est une courbe plane engendrée par un point qui se meut uniformément sur une droite, tandis que celle-ci tourne d'un mouvement uniforme autour d'un point fixe.*

Il résulte de cette définition que, si l'on considère un point quelconque, fixe sur la droite, ce point décrira d'un mouvement uniforme une circonférence autour du pôle, et que les chemins parcourus par ce point sur la circonférence et par le point décrivant sur la droite mobile, seront dans un rapport constant. Pour plus de simplicité, on peut prendre une circonférence dont le rayon soit égal à l'unité, alors le rapport constant dont nous venons de parler sera caractéristique pour chaque spirale.

On voit encore aisément que, chaque fois que le rayon vecteur fait un tour entier, il s'accroît d'une longueur constante, en sorte que *les portions de rayons vecteurs, comprises entre deux spires consécutives de la courbe, seront toutes égales entre elles.* Cette longueur constante peut, aussi bien que le rapport des chemins parcourus, servir à caractériser une spirale; en effet, soit l cette longueur et K, le rapport des chemins, on a évidemment

$$\frac{l}{2\pi} = \mathrm{K}.$$

La longueur l est ordinairement désignée sous le nom de *corde d'une spire.*

152. TRACÉ DE LA SPIRALE D'ARCHIMÈDE. — Il est très-facile de tracer par points, la spirale d'Archimède. Décrivons autour du pôle une circonférence quelconque

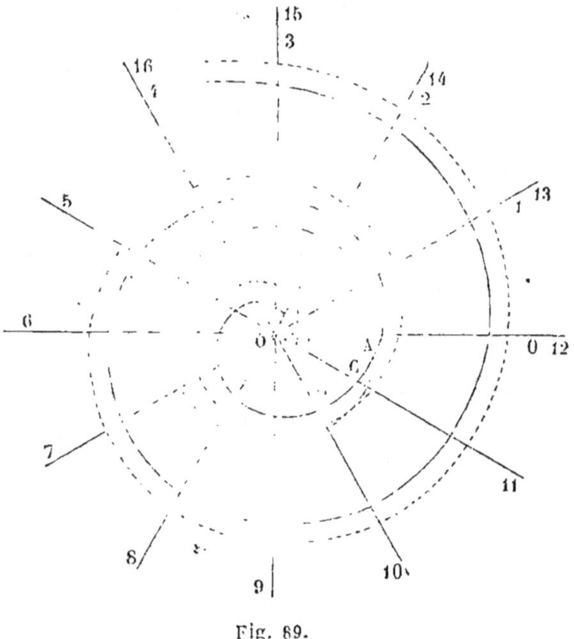

Fig. 89.

que nous partageons en un nombre arbitraire de parties égales, en douze par exemple. Par les points de division, traçons des droites indéfinies que nous numérotons, en tournant toujours dans le même sens, 0, 1, 2, 3,... 11, 12, 13, etc. Prenons actuellement, sur la première position du rayon vecteur, une longueur OA (fig. 89), égale à la corde d'une spire, et partageons aussi cette longueur en douze parties égales ; portons une, deux, trois,... onze, douze de ces parties, sur les droites 1, 2, 3,... 11, 12 ; nous déterminons ainsi treize points de la courbe et en les joignant par un trait continu, nous aurons construit la première spire ; si, à partir des points ainsi obtenus, nous portons, sur les mêmes rayons, des longueurs égales à OA, nous formerons une seconde spire, puis une troisième et ainsi de suite.

155. SPIRALES COMPAGNES. — Si, autour du même pôle et avec une même corde de spire on trace une seconde spirale, qui ne diffère de la première que par la position initiale du rayon vecteur, ces deux spirales sont dites *compagnes*. Leur emploi est très-fréquent dans le tracé des volutes.

Il est aisé de voir que *les portions de rayons vecteurs comprises entre deux spirales compagnes sont toutes égales entre elles*. Soit, en effet, O 10 la position initiale du rayon vecteur de la seconde spirale, la distance OB est égale aux $\frac{10}{12}$ de OA ; or nous porterons sur le rayon O 11, une longueur OC′ égale à $\frac{1}{12}$ de OA, mais OC $= \frac{11}{12}$ de OA, donc CC′ $= \frac{10}{12}$ OA $=$ OB. Et ainsi de suite ; en passant d'un rayon au suivant, les rayons vecteurs des deux spirales augmentent de la même quantité, et, par conséquent, leur différence reste invariable.

154. TANGENTE A LA SPIRALE. — SOUS-TANGENTE. — Soient M et M′ (fig. 90), deux points très-voisins l'un de l'autre sur une spirale d'Archimède ; traçons la séante MM′ qui deviendra une tangente, lorsque les deux points M et

M' se confondront en un seul. Si, du pôle O comme centre, avec OM pour rayon, nous décrivons un arc de cercle MN, la longueur NM' est l'accroissement que prend le rayon lorsqu'il passe de la position OM à la position OM'.

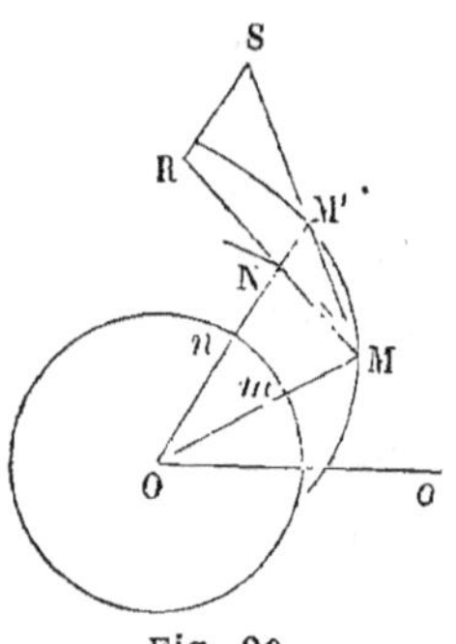

Fig. 90.

Cela posé, si d'un point S, pris arbitrairement sur la sécante, nous menons une droite SR, parallèle à M'N, nous aurons à cause des triangles semblables MM'N, MSR,

$$\frac{RS}{MR} = \frac{M'N}{MN}. \qquad [1]$$

D'un autre côté, si nous décrivons un cercle avec l'unité pour rayon, l'angle MON intercepte sur cette circonférence un arc mn, et nous avons

$$\frac{\text{arc } MN}{\text{arc } mn} = \frac{OM}{Om} = \frac{OM}{1}. \qquad [2]$$

Appelons e, le chemin *total* qu'a décrit le point m, lorsque le point décrivant a marché sur la spirale depuis le pôle jusqu'au point M (chemin qui contiendra plusieurs tours de la circonférence, si le point M n'appartient pas à la première spire); nous avons d'après la définition de la courbe,

$$\frac{M'N}{\text{arc } mn} = \frac{OM}{e};$$

d'où, en vertu de l'égalité [2],

$$\frac{M'N}{\text{arc } MN} = \frac{1}{e}.$$

Actuellement, nous ferons remarquer que, l'arc MN étant très-petit, se confond sensiblement avec sa corde, et que l'erreur que l'on commet en remplaçant l'arc par sa corde est d'autant plus petit que les points M et M' sont plus voisins l'un de l'autre. On peut donc écrire approximativement,

$$\frac{M'N}{MN} = \frac{M'N}{\text{arc } MN} = \frac{1}{e},$$

d'où

$$\frac{RS}{MR} = \frac{1}{e}. \qquad\qquad [3]$$

Et cette égalité approximative deviendra rigoureusement exacte à la limite, c'est-à-dire lorsque les rayons OM et OM' se confondront en un seul. Mais alors, la droite MR devient tangente au cercle, et, conséquemment perpendiculaire à OM; le triangle MRS devient rectangle en R, et MS est la tangente à la courbe.

Cela posé, prolongeons la tangente jusqu'au point T où elle rencontre une perpendiculaire au rayon OM (fig. 91), menée par le pôle. La longueur OT est ce que l'on appelle la *sous-tangente*. Or les triangles semblables RSM, OMT nous donnent la proportion

$$\frac{OM}{OT} = \frac{RS}{MR} = \frac{1}{e};$$

d'où $OT = OM \times e.$

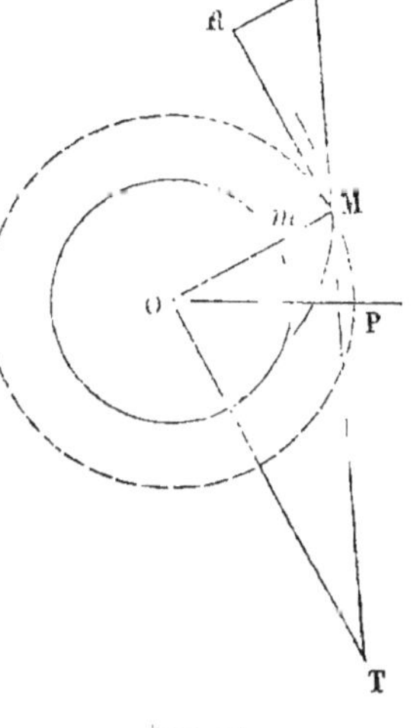

Fig. 91.

Or, tandis que le point m décrit le chemin e, le point M, considéré comme fixe sur le rayon vecteur aurait décrit sur une circonférence concentrique à la circonférence Om, un chemin qui aurait précisément pour longueur $OM \times e$; nous pouvons donc énoncer le théorème suivant :

THÉORÈME. — *Dans la spirale d'Archimède, la sous-tangente est égale à la longueur de l'arc que parcourrait le point décrivant, si on le supposait fixe sur le rayon vecteur, lorsque ce rayon passe de sa position initiale à celle qui contient le point de contact.*

135. TRACÉ DE LA TANGENTE ET DE LA NORMALE. — Ce théorème nous donne le moyen de tracer la tangente en un point donné sur la courbe. Soit M (fig. 91), le point donné; élevons OT perpendiculaire au rayon vecteur OM et décrivons un cercle avec OM pour rayon. Lorsque le rayon vecteur est passé de sa position initiale à la position OM, le point M a fait sur cette circonférence un certain nombre de tours, plus l'arc PM. Nous prendrons donc une longueur OT égale à cette longueur totale, et la ligne TM sera la tangente demandée; il sera facile d'obtenir la normale, en élevant en M une perpendiculaire à la tangente.

REMARQUE I. — Cette construction présente une difficulté. On a à prendre une certaine longueur égale à un arc de cercle, ce qui ne peut se faire rigoureusement. Voici comment on s'y prend pour résoudre approximativement cette question; on partage l'arc qu'il s'agit de *rectifier*, en un nombre assez grand de parties égales, pour que l'on puisse confondre chacune d'elles avec sa corde, et l'on porte ces cordes à la suite les unes des autres sur la ligne droite OT. Plus ces parties seront petites et plus le résultat obtenu approchera de l'exactitude.

REMARQUE II. — L'égalité [3] fait voir que le rapport $\dfrac{RS}{MR}$ diminue à mesure que le chemin c augmente; il en résulte que l'angle SMR (fig. 91) diminue, en sorte qu'à *mesure qu'on s'avance sur la spirale d'Archimède, en s'éloignant du pôle, la tangente se rapproche de plus en plus d'une perpendiculaire au rayon vecteur.*

En second lieu, nous conclurons du théorème relatif à

la sous-tangente, que *la tangente au pôle est la position initiale du rayon vecteur*, car on a, en ce point,

$$e = 0,$$

et, par suite, $$OT = 0.$$

On pourrait le démontrer directement, en considérant
un rayon vecteur très-voisin de la position initiale ; ce
rayon coupe la courbe au pôle et en un second point
très-peu éloigné ; il est donc sécant à la courbe. Or ce
second point vient se confondre avec le pôle lorsque le
second rayon se rapproche indéfiniment du rayon initial,
et par suite ce second rayon devient tangent à la courbe.

Applications.

136. MONTRES. — Les ressorts moteurs des montres et
des pendules de cheminée, et ceux qui, dans les montres, agissent sur le balancier, affectent une forme spirale qui, à l'état d'équilibre, diffère peu d'une spirale
d'Archimède.

VOLUTES. — *Les volutes* sont des ornements composés
d'un filet saillant, contourné sur lui-même de manière à
former une spirale. Les deux contours de ce filet sont des
spirales compagnes (**135**). On emploie quelquefois la
spirale d'Archimède pour le tracé de ces volutes ; toutefois cette courbe ne convient pas pour les volutes à *œil*,
c'est-à-dire pour celles dont le centre est occupé par une
ouverture ou un noyau circulaire. On fait usage de courbes diverses dont la plus importante est la *spirale loga-
rithmique*. La définition de cette courbe et l'étude de ses
propriétés nous entraîneraient à des développements qui
sortiraient entièrement des limites de ce cours ; nous
nous contenterons d'indiquer ici le tracé au moyen duquel on imite cette courbe, pour dessiner *la volute ionique*, c'est-à-dire celle qui orne le chapiteau des colonnes
de l'ordre ionique.

Soit O (fig. 92) le centre de la volute, qui doit se raccorder en A à une droite horizontale. Partagez la perpendiculaire OA en neuf parties égales, et du point O comme centre, avec l'une de ces parties pour rayon, décrivez une circonférence qui sera l'œil de la volute. Inscrivez dans cette circonférence un carré BCDE, dont une diagonale se trouve sur la ligne OA ; tracez deux diamè-

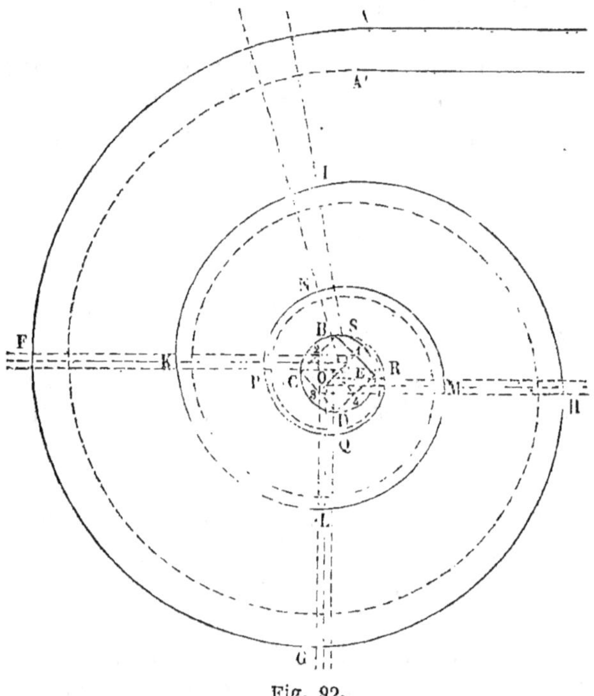

Fig. 92.

tres parallèles aux côtés de ce carré, et partagez en six parties égales les portions de ces diamètres qui se trouvent comprises dans l'intérieur du carré. Numérotons les points de division, comme l'indique la figure, et tirons les droites 1, 2 ; 2, 3 ; 3, 4 ; etc. Actuellement, du point 1 comme centre, avec la distance de ce point à l'horizontale pour rayon, décrivons un quart de cercle AF. Du point 2, avec F2 pour rayon, décrivons un second quart de cercle ; traçons-en un troisième, avec G3 pour rayon et le point 3 pour centre; et ainsi de suite, en prenant les points dans leur ordre numérique jusqu'au dernier. L'arc décrit de ce dernier point se raccordera évidemment à l'œil de la volute.

La spirale compagne se décrit de la même manière; seulement, on prend pour point de départ un point A tel que AA' soit le quart de l'intervalle AI. Contrairement à ce qui arrive pour la spirale d'Archimède, les deux spirales compagnes sont de moins en moins éloignées l'une de l'autre, à mesure qu'elles se rapprochent du pôle.

VENTILATEUR. — Si l'on imagine que l'on fasse tourner à l'intérieur d'un cylindre un arbre muni de palettes, le mouvement de rotation se communiquera à l'air contenu dans le cylindre, et en vertu de ce mouvement, le gaz tendra à s'accumuler vers la paroi courbe du cylindre, tandis que sa pression diminuera dans la région centrale. Si l'on pratique une ouverture dans la paroi courbe et une autre vers le centre de la base du cylindre, on comprend que

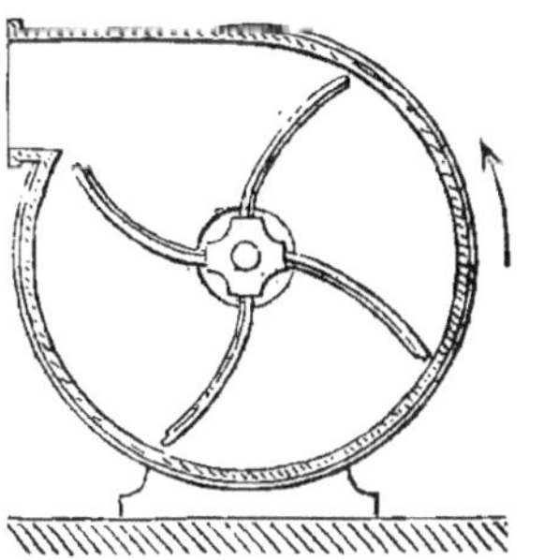

Fig. 93.

l'air intérieur sera expulsé par le premier orifice, tandis que l'air extérieur se précipitera par le second, dans l'intérieur de l'appareil. Tel est le principe de la plupart des *ventilateurs*. Ordinairement, pour faciliter l'écoulement de l'air, on donne aux palettes une forme courbe, dont le profil est un arc de spirale (fig. 93).

TYMPAN. — On emploie fréquemment, pour élever les eaux à une faible hauteur au-dessus de leur niveau, un appareil appelé *tympan*, qui se compose d'un cylindre à axe horizontal, dont la hauteur est très-petite relativement au rayon de la base. L'intérieur est divisé en compartiments par des cloisons spirales, et la surface convexe est percée de nombreuses ouvertures qui vont puiser l'eau dans le réservoir inférieur, pour l'élever peu à peu vers la région centrale, d'où elle s'écoule à l'extérieur.

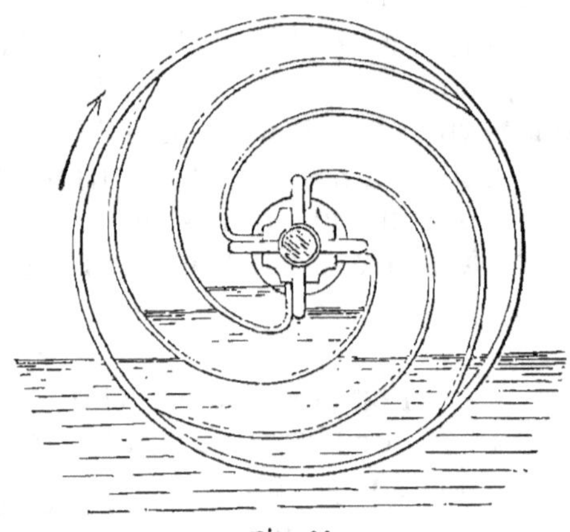

Fig. 94.

La figure 94 suffit, sans autre explication, pour faire comprendre le jeu de l'appareil.

Les spirales employées pour les palettes des ventila-

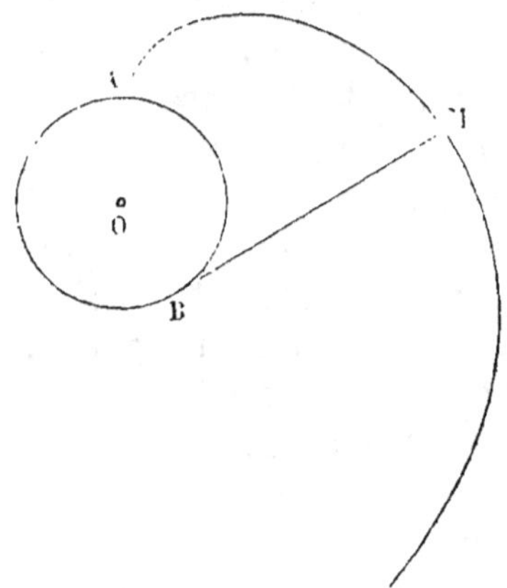

Fig. 95.

teurs, pour les cloisons du tympan et aussi pour le profil des aubes de certaines roues hydrauliques, ne sont pas des spirales d'Archimède, mais, le plus souvent, des arcs d'une courbe qu'on appelle *développante de cercle*. Nous n'avons pas à étudier les propriétés de cette courbe, nous nous bornerons à en indiquer la génération.

Imaginons qu'on enroule autour d'une circonférence de cercle un fil qui y soit fixé par l'une de ses extrémités ; à l'autre bout, est attaché un crayon. Si l'on déroule le fil en le tenant constamment tendu, en sorte que la partie rectiligne BM soit toujours égale à l'arc BA (fig. 95), qui sépare le point où le fil se détache de la circonférence, de celui où se trouvait primitivement le crayon, ce crayon tracera une développante de cercle.

On comprend que si le fil fait un nombre infini de tours sur la circonférence, la développante se composera d'une infinité de spires, qui s'éloigneront de plus en plus du centre.

CHAPITRE VII.

CHAÎNETTE. — Application aux voûtes, aux hamacs, aux voiles
des vaisseaux.

157. *On appelle* CHAÎNETTE, *la courbe que forme un fil
flexible et homogène, suspendu à deux points fixes et abandonné à la seule action de la pesanteur.* Il faut entendre par
fil *homogène*, un fil tel que des portions égales aient des
poids égaux dans toutes les parties du fil.

Les propriétés de la chaînette ne peuvent être démon-
trées d'une manière élémentaire ; nous indiquerons seulement les deux suivantes que l'on peut considérer comme
à peu près évidentes.

158. *La chaînette est une courbe infinie.* — Soit ACB
(fig. 96) un arc de chaînette formé par un fil pesant suspendu aux points A et B.
Puisque le fil est en équilibre, il est évident qu'on
n'en altérera pas la figure,
en fixant deux de ses points
A' et B' ; dès lors, on peut
supprimer les parties AA',
BB', et l'arc restant demeu-

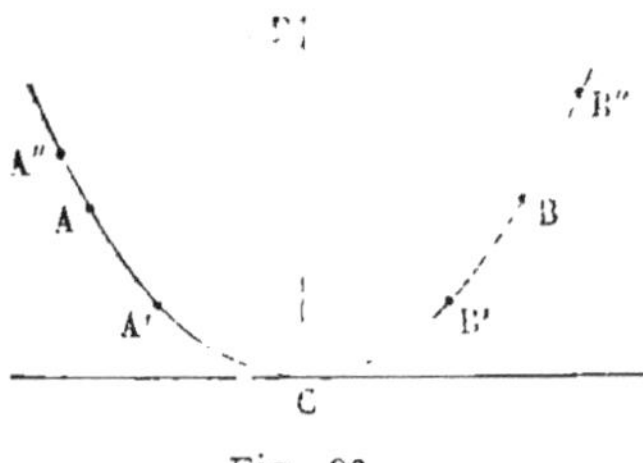

Fig. 96.

rera ce qu'il était auparavant. Mais, puisque le fil A'CB'
et le fil ACB dessinent la même chaînette, nous pouvons
donc aussi allonger arbitrairement cette courbe, et nous
voyons ainsi que les branches peuvent s'étendre aussi
loin que l'on voudra.

Il est d'ailleurs visible que ces branches s'écartent de plus en plus l'une de l'autre, et ne peuvent avoir de tangente verticale.

139. On peut encore regarder comme évident que, le fil étant homogène, les choses se passeront exactement de la même manière des deux côtés de la verticale CD qui passe par le point le plus bas. Conséquemment, *la verticale du point le plus bas est un axe de symétrie.*

140. TRACÉ DE LA CHAÎNETTE. — Il n'existe aucun moyen simple de construire la chaînette ; le seul procédé que nous puissions indiquer est le suivant. On placera une feuille de papier contre un mur vertical, et l'on suspendra devant ce papier une chaîne fine, à maillons égaux, très-petits et parfaitement mobiles ; cette chaîne prendra la figure de la courbe cherchée, dont on pourra marquer avec un crayon autant de points que l'on voudra.

Applications.

141. VOÛTES. — Nous avons dit qu'un fil pesant, abandonné à l'action de la pesanteur, prend la figure d'une chaînette. Cela tient évidemment à ce que, dans cette forme, il y a équilibre entre les forces qui agissent sur chaque élément du fil, c'est-à-dire entre son poids et les tensions qui le sollicitent ; en sorte qu'il ne tend à se produire aucun déplacement latéral de cet élément. Ainsi, au lieu d'un fil flexible, si nous prenons une tige métallique courbée en forme de chaînette, il ne se produira entre ses molécules aucune action qui tende à la déformer, et elle conserverait sa figure, lors même que la roideur serait anéantie. On pourrait dire que cette forme est celle qui *fatigue* le moins la tige. On conçoit aisément que si nous retournons cette tige de façon à placer en haut le point qui se trouvait le plus bas, l'équilibre existera de même, pour chaque élément, entre son poids et les tensions, lesquelles seront alors devenues des *pres-*

sions. Par suite, si l'on construit une voûte dont l'intrados ait la forme d'une chaînette, les voussoirs n'auront aucune tendance à se déplacer.

« Rondelet a mis le fait en évidence, au moyen de sphères égales, posées sur un cintre en chaînette renversée, chacune étant tangente à ses deux voisines, et les deux extrêmes étant appuyées sur trois plans fixes, l'un horizontal, les deux autres verticaux. Après le retrait du cintre, opéré avec beaucoup de précautions, les boules restèrent accolées en voûte, par suite de leurs pressions mutuelles. L'habile architecte conclut, de cette expérience, que la chaînette pouvait être employée avec avantage dans les voûtes d'un grand diamètre qui doivent supporter une forte charge ; aussi s'en servit-il, tant pour les grands arcs qui soutiennent la colonnade circulaire du Panthéon français, que pour la voûte très-surhaussée qu'il a placée entre la coupole intérieure et la coupole extérieure, comme base d'une tour construite dans la seconde (BERGERY. — *Géométrie des courbes*). »

Il est bon de remarquer toutefois, comme pour les voûtes paraboliques, que cette voûte a l'inconvénient de ne pas être tangente à ses pieds-droits.

HAMACS. — Un hamac vide prend évidemment la forme d'un cylindre ayant pour base une chaînette, puisqu'on peut le considérer comme composé de fils égaux suspendus par leurs extrémités ; les fils transversaux du tissu sont évidemment sans influence.

VOILES DES VAISSEAUX. — La même chose a lieu pour les voiles d'un navire. En effet, la forme caténaire ne résulte pas de ce que la force qui agit sur les éléments du fil flexible est la pesanteur ; mais bien de ce que cette force est constante en grandeur et en direction. Or c'est là précisément le cas de la force qui sollicite les éléments d'une voile, puisque cette force est la résultante de la pesanteur et de l'impulsion du vent. Seulement l'axe de la chaînette n'est plus vertical.

APPLICATIONS DIVERSES. — *Les fils du télégraphe électrique* soutenus de distance en distance par des poteaux, prennent la forme de chaînettes verticales si le temps est calme. Lorsque le vent souffle, les plans de ces chaînettes s'inclinent évidemment et deviennent parallèles à la résultante de la pesanteur et de l'impulsion du vent.

La chaîne d'arpenteur présente toujours la figure d'une chaînette, c'est pourquoi l'on doit s'attendre, dans les mesures les mieux faites, à trouver des résultats trop forts, puisque l'on évalue à dix mètres la corde d'un arc de chaînette, tandis que c'est l'arc lui-même qui présente cette longueur.

CHAPITRE VIII.

Hélices. — Vis. — Hélice propulsive.

142. *On appelle* Hélice *la courbe engendrée par une droite
tracée sur un plan, lorsqu'on enroule ce plan sur la surface
convexe d'un cylindre circulaire droit.*

Il est facile de voir que l'hélice se compose d'une suite
indéfinie de *spires* égales. Prenons en effet, sur une perpendiculaire aux génératrices, une longueur aA (fig. 97),

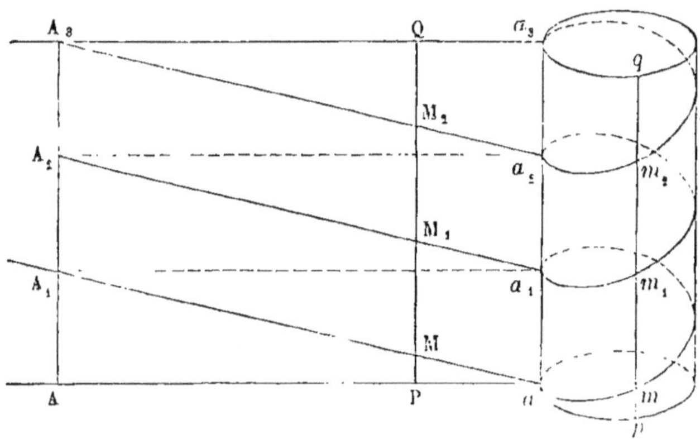

Fig. 97.

égale à la circonférence de la base du cylindre, et menons, par le point A, une parallèle aux génératrices.
Lorsque le plan aura fait un tour entier autour du cylindre, la droite AA_1 sera venu coïncider avec la génératrice aa_1; le point A_1 se trouve en a_1 et le prolongement
de la droite aA_1 aura pris une position $a_1 A_2$, parallèle à

$a\mathrm{A_1}$. Les choses se trouvent donc, au commencement du second tour, exactement dans le même état qu'au commencement du premier, avec cette différence que le point a est remplacé par le point a_1. Conséquemment, un second tour donnera naissance à une seconde spire identique à la première, mais commençant en a_1 et finissant en a_2; un troisième tour donnera une troisième spire égale, commençant en a_2, et ainsi de suite.

143. Il résulte de là, qu'au lieu de prendre pour génératrice, une droite indéfinie, on peut construire un rectangle ayant pour base une droite $a\mathrm{A}$, égale à la circonférence de base, et pour hauteur la distance de l'origine a de la première spire, à l'origine a_1 de la seconde. La diagonale $a\mathrm{A_1}$ de ce rectangle, engendrera la première spire. Construisant un second rectangle $a_1\mathrm{A_1A_2}a_2$, égal au premier; sa diagonale $a_1\mathrm{A_2}$ produira la seconde spire, et ainsi de suite. Si donc on prolonge indéfiniment cette suite de rectangles superposés, un seul tour du plan autour du cylindre donnera à la fois toutes les spires.

144. De la définition qui précède, on peut conclure une propriété importante, qui est souvent prise pour définition de l'hélice. Mais pour en faciliter l'énoncé, nous donnerons d'abord quelques définitions.

Menons par l'origine a de l'hélice (fig. 97), un plan perpendiculaire aux génératrices, et supposons que l'on projette sur ce plan un point mobile qui marcherait sur l'hélice. Il est clair que le chemin parcouru par ce point aura pour projection un arc de cercle, lequel pourra contenir plusieurs circonférences, si le point a décrit plus d'une spire.

Nous appellerons *ordonnée* d'un point de l'hélice, la portion de génératrice comprise entre le point et sa projection; et *abscisse curviligne*, la projection de l'arc d'hélice compris entre l'origine et le point considéré. Cela posé, nous énoncerons le théorème suivant :

Théorème I. — *L'ordonnée d'un point de l'hélice et son abscisse curviligne sont dans un rapport constant.*

Soit M (fig. 97) un point quelconque de la droite génératrice; abaissons de ce point la perpendiculaire MP, nous avons évidemment

$$\frac{MP}{aP} = \frac{AA_1}{aA}.$$

Mais si l'on enroule le plan autour du cylindre, le point M devient le point m de l'hélice, la perpendiculaire MP devient l'ordonnée mp et la droite aP devient l'abscisse curviligne ap. Nous avons donc

$$\frac{mp}{ap} = \frac{AA_1}{aA}. \qquad \text{C. Q. F. D.}$$

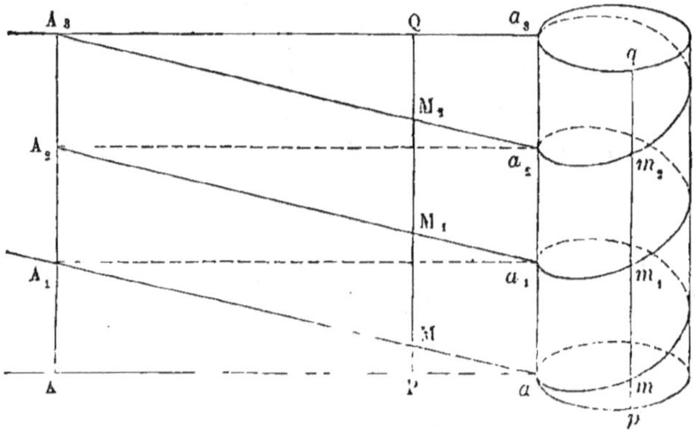

Fig. 97.

Corollaire. — *Le rapport d'un arc d'hélice à sa projection sur le plan de la base est constant.*

En effet, les mêmes triangles semblables nous donnent

$$\frac{aM}{aP} = \frac{aA_1}{aA}.$$

D'où

$$\frac{\text{arc } am}{\text{arc } ap} = \frac{aA_1}{aA}.$$

Ce théorème nous permet de donner une autre forme à

la définition de la courbe et de dire : *l'hélice est la courbe décrite par un point qui se meut sur un cylindre, de telle façon que sa hauteur au-dessus du plan de la base soit proportionnelle à l'arc décrit par sa projection sur ce plan.*

145. THÉORÈME II. — *Les portions des génératrices du cylindre, comprises entre deux spires consécutives, sont égales entre elles.*

Considérons une perpendiculaire quelconque PQ (fig. 97), à la droite aA. Après l'enroulement du plan, cette perpendiculaire coïncide avec la génératrice pq et la portion MM_1, avec la ligne mm_1. Or, on a, à cause du parallélogramme $MM_1 a_1 a$,

$$MM_1 = mm_1 = aa_1.$$

La distance mm_1 est donc constante.

Il est évident d'ailleurs que chaque génératrice est partagée en parties égales par les spires consécutives de l'hélice.

146. Cette longueur constante des portions de génératrices comprises entre les spires consécutives, est ce que l'on appelle *le pas* de l'hélice.

On comprend aisément qu'une hélice est déterminée, lorsque l'on donne son pas, et le rayon du cylindre. En effet, le pas n'est autre chose que la distance aa_1 qui sépare l'origine de la première spire, de l'origine de la seconde, et cette distance est égale à AA_1. Dans le triangle AaA_1, nous connaissons la hauteur AA_1 et la base aA, laquelle est égale à la circonférence de base ; on peut donc construire ce triangle et déterminer ainsi la position de la droite génératrice aA_1.

Si l'on veut se reporter à la seconde définition de l'hélice (**144**), nous ferons observer que le pas étant connu, ainsi que le rayon, il est facile de déterminer le rapport constant K qui existe entre l'ordonnée et l'abscisse curviligne. On a en effet,

$$\frac{aa_1}{2\pi R} = K.$$

Tangente à l'hélice.

147. On appelle *sous-tangente* à l'hélice, la projection sur le plan de la base du cylindre, de la portion de tangente comprise entre ce plan et le point de contact.

THÉORÈME III. — *Dans l'hélice, la sous-tangente est égale à l'abscisse curviligne du point de contact.*

Soit mm' une sécante qui rencontre l'hélice en deux points voisins; la droite pp' en est la projection (fig. 98).

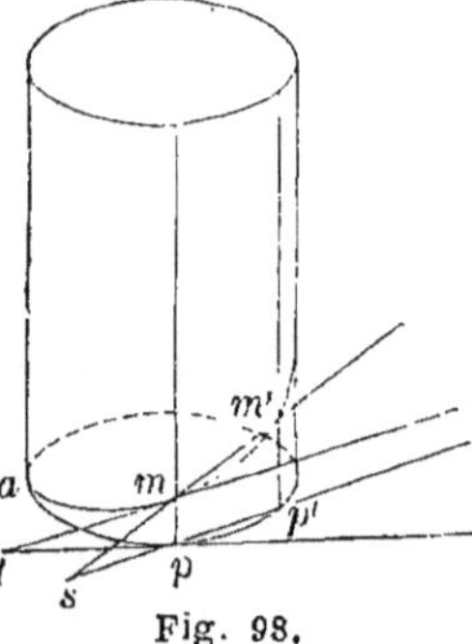

Fig. 98.

Soit s le point de rencontre de la sécante et de sa projection, nous avons

$$\frac{ps}{mp} = \frac{p's'}{m'p'};$$

d'ailleurs, en vertu du théorème 1 (**144**),

$$\frac{mp}{\text{arc } ap} = \frac{m'p'}{\text{arc } ap'};$$

donc en multipliant membre à membre,

$$\frac{ps}{\text{arc } ap} = \frac{p's}{\text{arc } ap'} = \frac{p's - ps}{\text{arc } ap' - \text{arc } ap} = \frac{\text{corde } pp'}{\text{arc } pp'}.$$

D'où enfin
$$\frac{ps}{\text{arc } ap} = \frac{\text{corde } pp'}{\text{arc } pp'}.$$

Mais lorsque les points m et m' se rapprochent l'un de l'autre, les points p et p' se rapprochent aussi, en sorte que l'arc pp', devenant de plus en plus petit, diffère très-peu de sa corde, et le rapport de ces lignes a pour limite l'unité. Mais alors la sécante est devenue la tangente mt et la ligne sp est la sous-tangente tp; on a donc

$$\lim ps = tp = \text{arc } ap. \qquad \text{C. Q. F. D.}$$

148. Corollaire I. — *La tangente à l'hélice fait avec les génératrices un angle constant*

En effet, dans le triangle *mpt*, nous avons, d'après le théorème précédent,

$$\frac{mp}{tp} = \frac{mp}{\text{arc } ap} = K.$$

Donc, quel que soit le point *m*, le triangle *tmp* a toujours un angle droit, compris entre deux côtés dont le rapport reste invariable; ce triangle est donc toujours semblable à lui-même, et conséquemment l'angle *tmp* est constant.

Cette propriété de l'hélice, de posséder une pente uniforme, la rend éminemment propre au tracé des escaliers tournants.

149. Corollaire II. — *La portion de tangente, comprise entre le point de contact et le plan de la base, est égale à l'arc d'hélice compris entre le point de contact et l'origine.*

En effet, d'après le théorème précédent, la droite *tp* étant égale à l'arc *ap*, si l'on enroule sur le cylindre le plan *pmt*, le point *t* viendra se placer en *a* et la tangente *tm* s'infléchira en s'appliquant le long de l'arc d'hélice *am*.

150. Corollaire III. — *Si l'on mène diverses tangentes à une hélice, le lieu des points où elles coupent le plan de la base est une développante du cercle.*

Cette conséquence est évidente, si l'on se reporte au théorème III et à la définition de la développante (**136** fin).

151. Rectification de l'hélice. — Il est très-facile, en s'appuyant sur le corollaire II, de *rectifier* l'hélice, c'est-à-dire de construire une droite dont la longueur soit équivalente à celle d'un arc d'hélice donné.

Il suffira, en effet, de construire un triangle rectangle *mtp*, dont la hauteur soit égale à l'ordonnée *mp* (fig. 98), et la base, à l'abscisse curviligne *ap* (*V.* **155**, Rem. I). L'hypoténuse de ce triangle sera la longueur cherchée.

Construction de l'hélice et de ses projections.

152. Tracé de l'hélice sur un cylindre. — 1° Supposons qu'il s'agisse de tracer une hélice dont le pas est connu *sur un cylindre que l'on puisse dérouler sur un plan.* On développera la surface latérale, et sur cette feuille ainsi déroulée, on portera des longueurs AA_1, A_1A_2, etc. (*V.* fig. 97), égales au pas; par les points A_1, A_2, etc., on mènera des parallèles Aa, et enfin on tirera les diagonales aA_1, a_1A_2, etc., qui, par l'enroulement, formeront les spires successives de l'hélice.

2° *Si le cylindre donné n'est pas de nature à être développé sur un plan,* on partage sa base en un nombre quelconque de parties égales, en douze, par exemple, et, par les points de division, on mène des génératrices. Le tracé en sera facile, si l'on a soin de caler le cylindre de façon que son axe soit vertical; on n'aura plus qu'à faire tomber un fil à plomb devant chacune des divisions de la base, et à suivre avec une pointe la trace de ce fil sur la surface du cylindre; cela fait, on portera sur ces diverses génératrices, à partir de la base, des longueurs égales à 0, $\dfrac{1}{12}$, $\dfrac{2}{12}$, $\dfrac{3}{12}$, ... $\dfrac{11}{12}$, $\dfrac{12}{12}$ du pas; puis, à partir des points ainsi trouvés, des longueurs égales à une, deux, trois, etc., fois le pas de l'hélice. En joignant ces points par un trait continu, on aura l'hélice cherchée.

Très-fréquemment, on ramène ce cas au précédent, en coupant une feuille de papier qui enveloppe exactement le cylindre; on trace l'hélice sur cette feuille déroulée, puis, l'appliquant sur le cylindre, on décalque la courbe.

153. Tracé des projections d'une ellipse. — Il est souvent utile, dans les applications, de construire des projections d'une hélice [*]. Nous supposerons la base du cy-

---

[*] Nous supposons les élèves déjà familiarisés avec le langage et les principes de la Géométrie descriptive.

lindre placée sur le plan horizontal, en sorte que la projection horizontale sera la circonférence de base, et la projection verticale, un rectangle ayant pour base le diamètre de cette circonférence, et pour hauteur, la hauteur même du cylindre.

Cela posé, soient a, A (fig. 99) l'origine de l'hélice, AA', son pas. Partageons la circonférence en un nombre quelconque de parties égales, en douze, par exemple, et menons les génératrices qui passent par les points de division. Ces génératrices ont pour traces horizontales

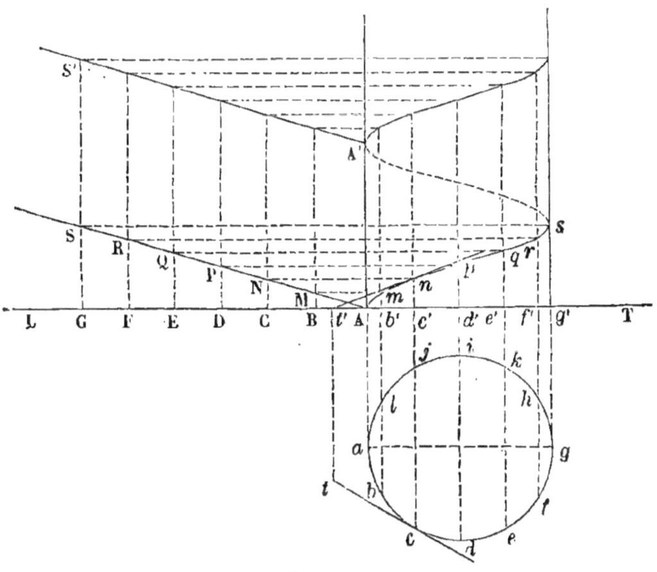

Fig. 99.

les points a, b, c,... j, l, et pour projections verticales des perpendiculaires à la ligne de terre. Il s'agit de trouver les points qui sont situés sur ces génératrices; or il faut remarquer que les ordonnées, étant perpendiculaires au plan horizontal, se projettent verticalement en vraie grandeur; il est d'ailleurs facile d'en trouver la longueur. Portons sur la ligne de terre, à partir du point A, douze longueurs AB, BC, etc., égales à ab (la figure n'en représente que la moitié); la longueur ainsi formée peut être

10

considérée comme le développement de la base. Par les points A, B, C, etc., élevons des perpendiculaires et tirons une droite AS, qui aille couper la dernière de ces perpendiculaires à une distance de LT égale au pas ; les longueurs BM, CN, DP, etc., sont les ordonnées cherchées. Nous n'aurons plus qu'à mener par les points M, N, P, etc., des parallèles à la ligne de terre jusqu'à leurs rencontres avec les projections verticales des génératrices. Pour la seconde spire, on mènera une droite A'S', parallèle à AS, et l'on répétera la même construction, et ainsi de suite.

On voit qu'on pourrait se dispenser de tracer les droites AS, A'S', etc., et se borner à partager la longueur AA' en douze parties égales ; on porterait ensuite un, deux, trois, etc., de ces douzièmes sur les génératrices $b'm$, $c'n$, $d'p$, etc.

Tangente. — Pour trouver les projections de la tangente, nous remarquerons que sa projection horizontale est tangente à la base ; nous tracerons donc une tangente ct au point c. Prenons sur cette droite une longueur ct égale à l'arc abc, cette longueur sera celle de la sous-tangente (**147**), et conséquemment le point t sera la trace horizontale de la ligne cherchée. Mais ce point se projette verticalement sur la ligne de terre au point t', pied de la perpendiculaire abaissée du point t sur LT ; en joignant $t'n$, nous aurons la tangente demandée.

Cette tangente coïncide évidemment avec la projection verticale de la génératrice du cylindre, pour tous les points du contour apparent sur le plan vertical.

Hélicoïde gauche.

154. *On appelle* HÉLICOÏDE GAUCHE, *la surface engendrée par une droite qui se meut en s'appuyant constamment sur une hélice et sur l'axe du cylindre, auquel elle est toujours perpendiculaire.*

Il est clair que cette surface coupera tout autre cylindre concentrique au premier suivant une hélice de même pas que celle qui dirige son mouvement.

Applications.

155. Les applications de l'hélice sont extrêmement nombreuses; nous allons indiquer quelques-unes des plus importantes.

ESCALIERS. — Les escaliers tournants, renfermés dans des tours rondes, tels qu'il en existe dans la plupart des clochers, ne sont autre chose que des hélicoïdes gauches; les intersections de la surface rampante avec le noyau central et avec la paroi extérieure de la cage sont deux hélices de même pas. Cette surface a, sur toute autre, l'avantage de présenter partout une pente uniforme; l'effort à faire pour y monter est ainsi le même que celui qui serait nécessaire pour s'élever sur un plan incliné; il faut y ajouter, toutefois, la fatigue qui résulte d'un continuel changement de direction.

VIS. — La vis, dont les usages sont si variés et si nom-

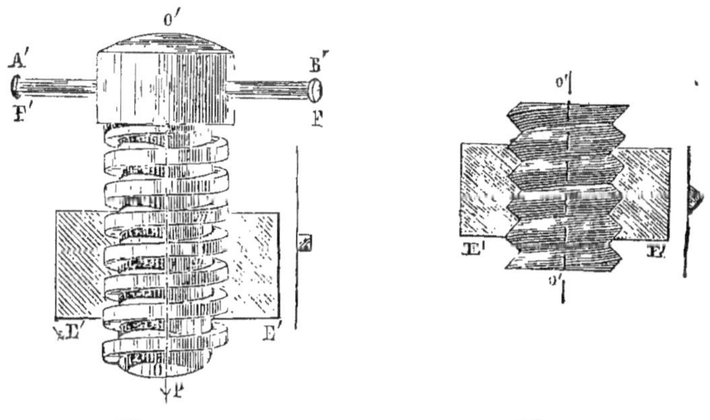

Fig. 100.

Fig. 101.

breux, va nous offrir un nouvel exemple de l'emploi de l'hélice. On distingue deux sortes de vis: *la vis à filet carré*, qui est toujours en métal, et *la vis à filet triangu-laire*, qui se fait en métal ou en bois.

Vis à filet carré. — Imaginons un carré dont un côté coïncide avec une génératrice et dont le plan passe par l'axe du cylindre, et faisons mouvoir ce carré de façon que l'un de ses sommets décrive une hélice ; il engendrera sur le cylindre une sorte de bourrelet saillant qui constitue ce que l'on appelle *le filet* de la vis, tandis que le cylindre lui-même en est le *noyau*. La figure 100 représente une vis à filet carré ; on a dessiné sur la droite le carré qui engendre le filet ; on voit que les côtés horizontaux de ce carré donnent naissance à deux portions d'hélicoïdes gauches.

Vis à filet triangulaire. — Dans la vis à filet triangulaire, le filet est engendré par un triangle isocèle (fig. 101), dont la base coïncide avec une génératrice, et dont le plan passe par l'axe du cylindre ; ce triangle se meut de façon que son sommet décrive une hélice. Le plus souvent, la base est égale au pas de l'hélice, en sorte que les spires consécutives du filet se touchent dans toute leur longueur. Cependant cette disposition n'est pas la seule adoptée ; dans les *tire-bouchons*, par exemple, et dans les *vis à bois*, le triangle générateur est un triangle isocèle dont l'angle au sommet est très-aigu et dont la base est beaucoup plus petite que le pas de l'hélice. Il faut en effet, dans ces instruments, que le filet soit tranchant, puisqu'il doit s'ouvrir lui-même un passage et creuser son écrou.

Usages de la vis. — Tout le monde connaît les usages de la vis, il est à peine utile de les rappeler. Nous indiquerons seulement quelques-unes des applications les plus importantes.

On sait qu'un *écrou* est une pièce dans laquelle est creusé un sillon hélicoïdal qui présente exactement un creux, l'empreinte du filet de la vis. On voit, dans les figures 100 et 101, la coupe EE' de l'écrou.

Si l'écrou est fixe, le mouvement circulaire de la vis produit en même temps une translation de celle-ci dans le sens de son axe. C'est de cette façon que servent les vis qui sont destinées à serrer deux objets l'un contre l'autre ; telles sont les vis à bois, les vis de pression, les boulons, etc. La vis à écrou fixe est employée, en général, toutes les fois que l'on veut exercer une pression considérable. La presse à vis, par exemple (fig. 102), se compose essentiellement d'un écrou fixe, B, situé à la partie supérieure, et d'une vis dont l'extrémité inférieure s'ap-

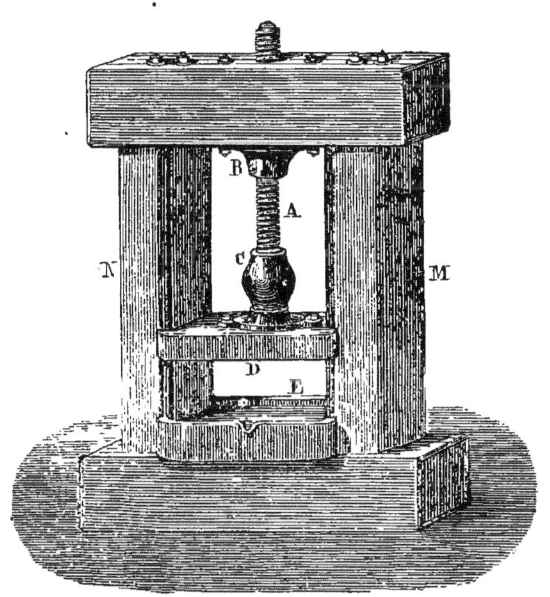

Fig. 102.

puie sur un plateau D, mobile entre deux coulisses verticales. Au bas de l'appareil, est un plateau fixe E, parallèle au premier. Au moyen de leviers que l'on place dans les trous dont la vis est munie en C, on imprime à celle-ci un mouvement de rotation dont l'effet est de rapprocher graduellement le plateau mobile du plateau fixe et d'exercer conséquemment une pression sur les corps dont ce dernier est chargé. Pour comprendre l'avantage de ce dispositif, il suffit de se rappeler ce principe de mécanique : dans une machine en équilibre, **la** force motrice et la résistance sont entre elles dans le rapport inverse des chemins parcourus par leurs points d'application. Or il est clair que, le pas de la vis étant court, le chemin parcouru par la main qui agit à l'extrémité du levier est beaucoup plus grand que le chemin parcouru par l'extrémité de la vis. Conséquemment la main doit développer un effort notablement inférieur à la pression qui s'exerce entre les deux plateaux, et le rapport de ces deux forces est d'autant plus petit, que le pas de la vis est plus court, et les leviers plus longs. L'*étau* des serruriers fournit un autre exemple d'un emploi analogue de la vis.

Citons encore le *balancier monétaire* (fig. 103), qui se compose essentiellement d'une vis, mobile dans un écrou

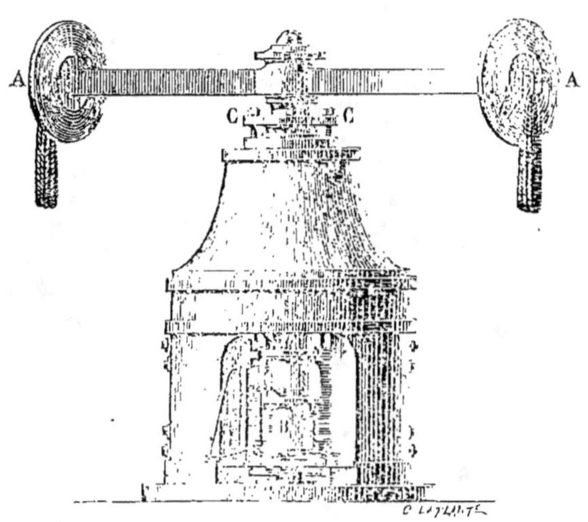

Fig. 103.

fixe très-solide. Cette vis à laquelle on imprime un **mouvement** de rotation assez rapide, au moyen du levier AA, fait descendre une pièce H, fixée entre deux coulisses verticales, et transmet ainsi au flan, placé à la partie inférieure de l'appareil, une forte compression qui force le

métal à s'écraser entre les deux coins et à pénétrer dans
tous les détails de la gravure.

Lorsque la vis est fixe, c'est-à-dire lorsqu'elle se termine
par des tourillons cylindriques, reposant sur des coussi-
nets qui s'opposent au mouvement de translation, l'écrou,
engagé dans des guides qui l'empêchent de tourner, se
meut parallèlement à l'axe du cylindre. Comme exemples
de cet emploi de la vis, nous citerons : 1° *Les freins* au
moyen desquels on ralentit le mouvement des voitures.
Le conducteur fait tourner une vis fixe (fig. 104) au

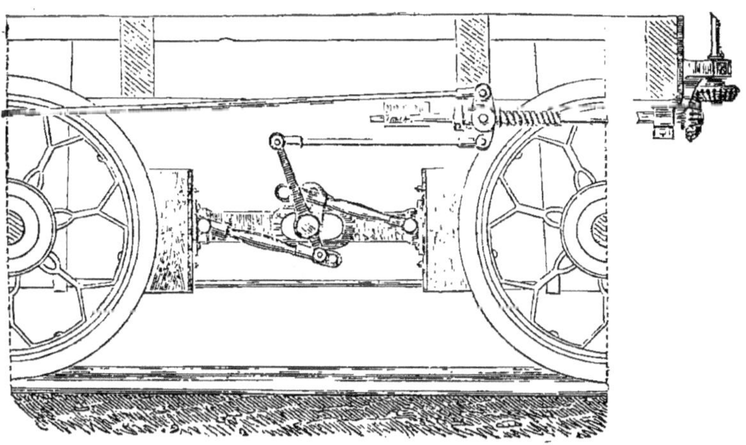

Fig. 104.

moyen d'une manivelle, et l'écrou de cette vis, en se dé-
plaçant, agit sur un système de leviers, qui viennent
serrer contre la roue une pièce de métal ou de bois.
2° *Les vis de rappel*, si fréquemment employées dans les
instruments de précision. Ces vis ont un pas très-court,
en sorte qu'on n'a besoin d'exercer qu'un très-petit effort
pour vaincre la résistance qu'oppose la pièce mobile; on
obtient ainsi un déplacement très-lent de l'écrou, sans
occasionner aucune secousse. 3° *La machine à diviser* les
lignes droites. Elle se compose essentiellement d'une vis
fixe, dont le pas est très-régulier et très-court; cette vis

est placée dans le support AA (fig. 105). La tête de la vis est une roue à rochets E, dont les dents sont parfaite-

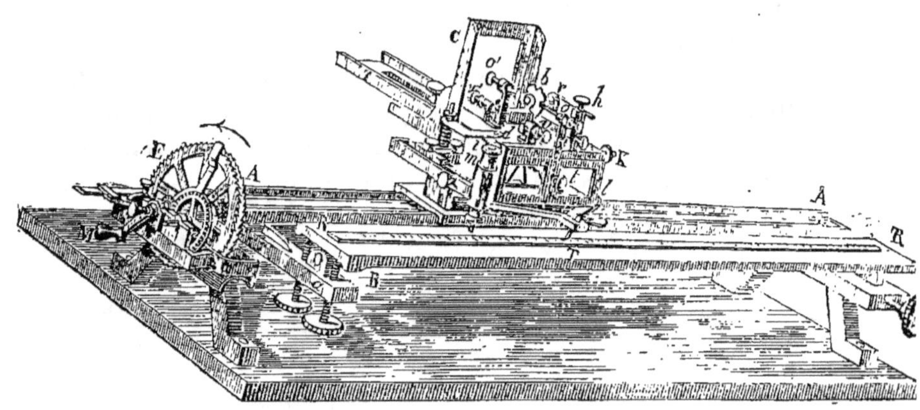

Fig. 105.

ment régulières ; on comprend donc que chaque fois qu'on fait tourner la roue d'un même nombre de dents, l'écrou de la vis s'avancera d'une même quantité. Si actuellement on place, parallèlement à la vis, une règle RR, et qu'à chaque arrêt de la manivelle on fasse mouvoir un style T, porté par un chariot C fixé à l'écrou, il est clair que l'on tracera sur la règle RR des traits équidistants.

Vis sans fin. — Si l'on remplace l'écrou d'une vis fixe par une roue dentée dont les dents soient taillées de façon à représenter chacune une portion d'écrou (fig. 106), le mouvement de la vis fera évidemment tourner cette roue, et ce mouvement sera d'autant plus lent, que le pas de la vis sera plus court. Une vis ainsi disposée porte le nom de vis sans fin, parce qu'on peut la faire tourner indéfiniment dans le même sens. En vertu

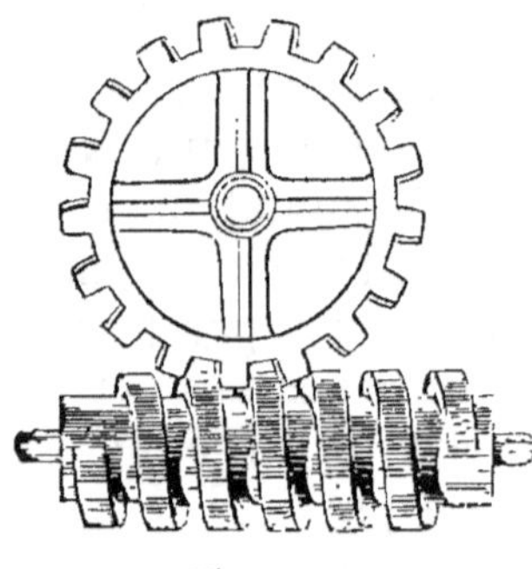

Fig. 106.

du principe de mécanique que nous avons rappelé plus haut, la vis sans fin est un appareil très-convenable à employer lorsqu'on veut produire un mouvement de rotation au moyen d'une petite dépense de force. Comme exemple de cette disposition nous citerons l'appareil employé pour tendre les cordes des contre-basses ; ces cordes étant très-grosses, il faudrait, pour les monter, exercer sur le petit treuil autour duquel elles sont enroulées, un effort considérable. Au moyen de la vis sans fin, cet effort est notablement diminué, mais on est obligé de faire faire à la vis un nombre de tours beaucoup supérieur à celui des tours qu'exécute le treuil.

La machine à diviser les cercles (fig. 107) est aussi fondée sur l'emploi d'une vis sans fin. Une vis très-régulière

Fig. 107.

engrène avec une large roue dont les dents sont travaillées avec beaucoup de soin, en sorte que toutes les fois que la tête de la vis avance de quantités égales, la grande roue tourne d'angles égaux.

Une vis sans fin dont le pas est allongé peut servir à une transformation inverse. Dans les régulateurs à ailettes qui servent à modérer le mouvement des tourne-broches, une roue dentée agit sur une vis sans fin dont l'axe porte deux ou quatre ailes ; un mouvement assez lent de la roue donne ainsi naissance à une rotation très-rapide de la vis. La machine de M. Morin (fig. 108) offre un double exemple de cet emploi de la vis. Le poids moteur fait tourner une roue dentée qui agit sur deux vis sans fin ; l'une, dont le pas est assez court, donne un mouvement médiocrement rapide au cylindre ; l'autre, dont le pas est beaucoup plus long, imprime une rotation très-vive au régulateur à ailettes.

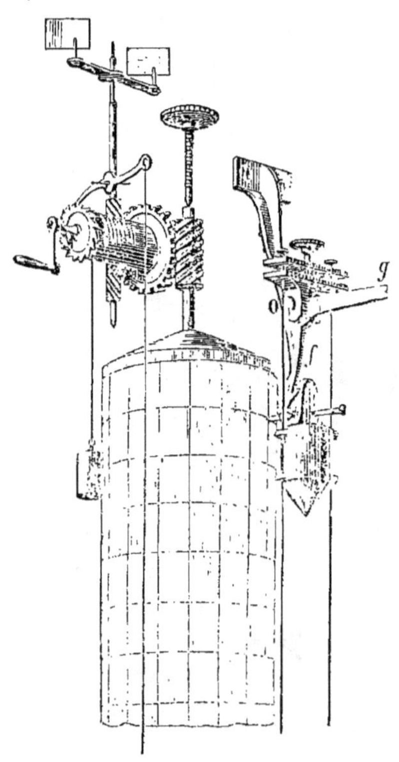

Fig. 108.

VIS D'ARCHIMÈDE. — *La vis d'Archimède* est un large tube cylindrique, au milieu duquel se trouve un noyau également cylindrique, mais beaucoup plus étroit (fig. 109). L'intervalle est occupé par une ou plusieurs cloisons qui sont des hélicoïdes gauches de même pas (il y en a deux dans la figure). L'appareil étant placé dans une inclinaison convenable, de façon que sa partie inférieure plonge partiellement dans l'eau, produira, par sa rotation, une élévation graduelle du liquide.

Souvent les cloisons, bien qu'en contact avec le tube extérieur, ne lui sont pas fixées, en sorte que ce tube

reste immobile; la vis prend alors le nom de *vis hollandaise*. On emploie souvent une vis hollandaise horizontale dans les grands moulins à farine. Au sortir des
meules, le mélange de farine et de son tombe dans un
canal demi-cylindrique en bois, dans lequel tourne un
arbre muni d'un large filet hélicoïdal. Le mélange se
trouve ainsi transporté mécaniquement à l'autre bout du
canal d'où il tombe dans les blutoirs.

Si l'on enfonce dans l'eau une vis d'Archimède, de
façon qu'une partie seulement de la base supérieure

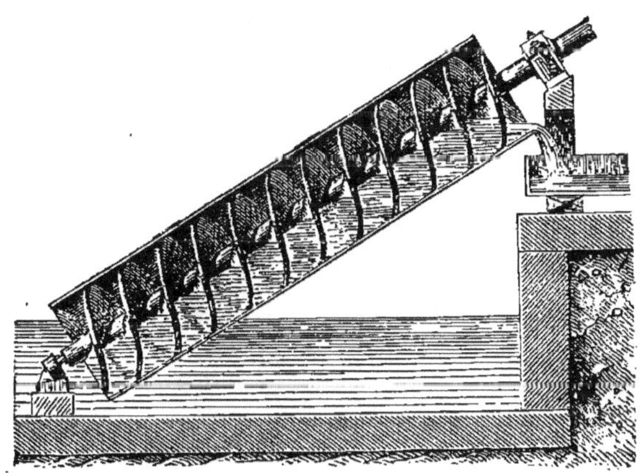

Fig. 109.

sorte du liquide, et si on la fait tourner en sens inverse,
au lieu de produire l'ascension de l'eau, on refoulera de
l'air vers la partie inférieure de l'appareil. Tel est le
principe d'une machine soufflante, imaginée par M. Ca-
gniard-Latour et connue sous le nom de *Cagniardelle*.

HÉLICE SOUFFLANTE. — On fait encore usage de l'hélicoïde gauche d'une autre manière, pour produire un
courant gazeux. Imaginons un axe vertical armé d'une
spire d'hélicoïde gauche et enfermé dans un tube cylindrique. C'est là une véritable vis fixe dont l'écrou est
l'air qui remplit le tube. Si donc cet appareil est installé
au-dessus d'un puits de mine, par exemple, la rotation de

la vis produira, selon le sens dans lequel elle aura lieu, un mouvement ascendant ou descendant de l'écrou, c'est-à-dire un appel de l'air venant de la mine, ou une injection d'air extérieur.

Hélice propulsive. — Depuis quelques années, le mouvement des navires à vapeur est produit, non plus par des roues à palettes agissant à la manière des rames, mais par une hélice installée à l'arrière de la quille, immédiatement devant le gouvernail (fig. 110). Cette hélice

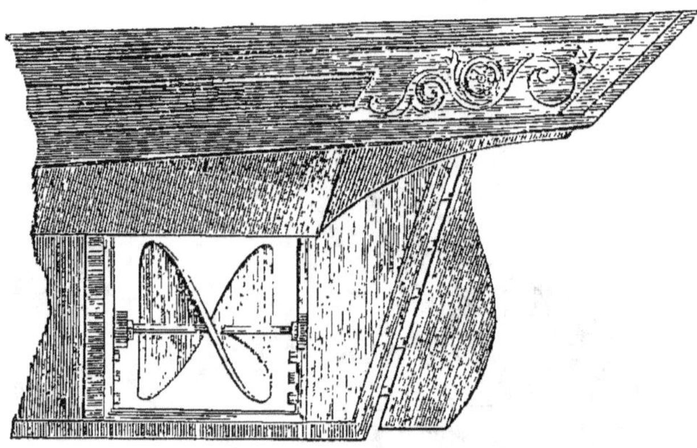

Fig. 110.

se compose essentiellement d'un axe horizontal, armé d'un large filet hélicoïdal. C'est donc une vis à laquelle l'eau sert d'écrou ; dont, par conséquent, la rotation produira un mouvement de progression en avant ou en arrière. Toutefois, il faut remarquer que l'écrou n'est pas fixe et que la progression n'est pas aussi rapide que celle qui aurait lieu s'il en était ainsi. En effet, l'eau cède à l'impulsion de la vis et prend un mouvement dirigé en sens inverse de la marche du bateau. Celui-ci ne s'avance donc qu'en vertu de la différence qui existe entre la vitesse qu'il prendrait si l'écrou restait immobile, et la vitesse rétrograde du liquide. C'est pour cette raison qu'on est obligé de donner à l'hélice un mouvement de rotation très-rapide.

Il serait fort incommode d'employer pour l'hélice propulsive un tour de vis tout entier; l'appareil aurait
ainsi une trop grande longueur. Aussi a-t-on l'habitude
de former l'hélice des navires de plusieurs portions
égales de spire, disposées régulièrement autour de l'axe.
Dans la figure 110, l'appareil se compose de deux demi-
spires; on se rendra bien compte de leur disposition, en
imaginant qu'on ait fait glisser la seconde moitié de la
spire parallèlement à elle-même, de façon à l'amener à
la hauteur de la première moitié. La figure 111 représente un autre dispositif, dans lequel le propulseur est
formé de quatre portions égales de spire. On arrive ainsi,
tout en réduisant beaucoup la lon-
gueur de l'appareil, à remplir deux
conditions très-importantes. 1° Le
centre de gravité se trouve sur l'axe;
2° les actions propulsives se distribuant
symétriquement tout autour de l'axe,
ont une résultante dont la direction
coïncide avec cet axe lui-même.

Fig. 111.

Autre application. — Enfin nous
dirons un mot d'un appareil dont on se
sert pour s'exercer au tir des oiseaux.
Une feuille de tôle légère est pliée de
façon à figurer un carré central, muni
de deux ailes contournées en forme d'hélicoïde gauche.
On imprime à ce petit appareil un mouvement de rotation très-vif, et les ailes, agissant sur l'air comme l'hélice
des navires agit sur l'eau, donnent naissance à une force
propulsive dirigée de bas en haut qui peut vaincre la pesanteur et enlever l'appareil dans l'air. A mesure que la
vitesse diminue, la force ascensionnelle décroît et est
enfin vaincue par le poids de l'appareil dont elle ne fait
plus que ralentir la chute.

FIN.

FIN DE LA TABLE DES MATIÈRES.

Paris. — Typographie Lahure, rue de Fleurus, 9.

Typographie Lahure, rue de Fleurus, 9, [illegible]

www.ingramcontent.com/pod-product-compliance
Lightning Source LLC
LaVergne TN
LVHW020530060726
842525LV00004B/1127